图解狗狗养护

DOG DOG

灌木文化　编著

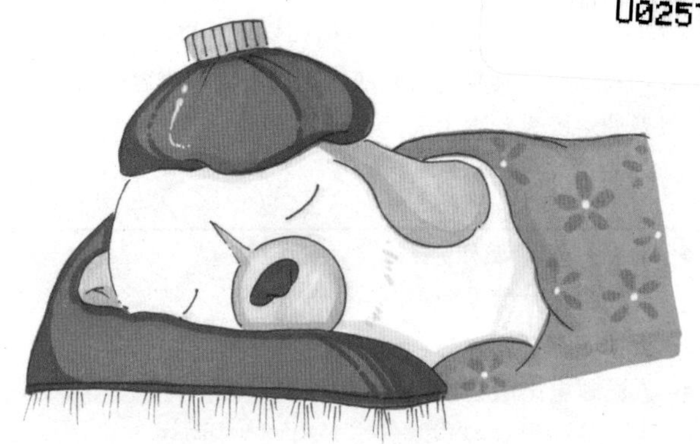

人民邮电出版社
北京

图书在版编目（CIP）数据

图解狗狗养护 / 灌木文化编著. -- 北京 : 人民邮电出版社, 2022.4
ISBN 978-7-115-58331-4

Ⅰ. ①图… Ⅱ. ①灌… Ⅲ. ①犬－驯养－图解 Ⅳ. ①S829.2-64

中国版本图书馆CIP数据核字(2021)第259542号

内容提要

这本书是为了让新手养宠主人做好充足的知识储备迎接狗狗，避免遇到问题时手忙脚乱，和狗狗的生活有一个好的开始而诞生的。

本书共4章，分阶段、分主题地解决新手狗狗主人面对的难题。第1章，不容忽视的准备期，让狗狗主人提前知道饲养一只狗狗可能会遇到的大部分问题，以及该做好哪些准备迎接新的“家人”的到来；第2章，了解狗狗的习性和行为，从如何带狗狗回家到如何听懂狗狗的叫声，让主人知道该如何和狗狗建立起好的情感联系，了解自己的狗狗；第3章，狗狗的基础训练，在和狗狗相处了一段时间以后，可以开始对狗狗进行训练，使狗狗更加乖巧；第4章，狗狗的日常清洁和美容，帮助新手狗狗主人解决给狗狗清洁和美容的大难题。

本书适合狗狗主人，以及即将成为狗狗主人的读者阅读。

♦ 编　　著　灌木文化
责任编辑　魏夏莹
责任印制　周昇亮
♦ 人民邮电出版社出版发行　　北京市丰台区成寿寺路 11 号
邮编　100164　　电子邮件　315@ptpress.com.cn
网址　https://www.ptpress.com.cn
北京博海升彩色印刷有限公司印刷
♦ 开本：787×1092　1/20
印张：5.2　　2022 年 4 月第 1 版
字数：131 千字　　2022 年 4 月北京第 1 次印刷

定价：59.80 元

读者服务热线：(010)81055296　印装质量热线：(010)81055316
反盗版热线：(010)81055315
广告经营许可证：京东市监广登字 20170147 号

目录

第1章 不容忽视的准备期

第1章 不容忽视的准备期

考虑自己的状态是否适合养狗

精力是否有限

你有精力打扮你的狗吗？你在日常生活中能花足够的时间和你的狗在一起吗？你的狗不仅需要你每天陪它散步，还需要你经常陪在它身边。在孤单的环境中待得太久可能会带来严重的影响，你的狗可能会变得迟钝和抑郁。如果你在工作上太忙而不能经常待在家里照顾你的狗，除非你做了足够的照顾安排，否则养狗不是一个好主意。

家人的态度

你的狗能成为家庭的新成员吗? 包括孩子和其他宠物可以接受它吗？当选择大型的、活跃的狗时，它有可能会伤害到儿童和老人，具有攻击性的狗狗需要谨慎选择。

生活方式

你能给你的狗提供足够的运动来保持它的健康吗？有些养狗的人想养一只不麻烦的狗狗，每天带它散步和让它小睡一会儿就能满足了。如果你有一个积极的生活方式，你可能需要一只积极的狗来配合你慢跑或运动的速度。大型犬不一定比小型犬需要更多的锻炼，一些大型犬只需要有一个简单的生活方式，而许多小型犬却精力充沛。

必要的经济开支

除了食、住、行的开支，养狗以后有一些经济开支可能出乎主人的意料，比如长毛犬看起来很漂亮，但它们需要被细心照料，有些可能还需要每天梳理和解开打结的毛发。你还应该考虑狗狗美容的成本，有些狗狗的毛发易于梳理，但需要定期修剪。

什么样的狗狗适合自己

根据自己的需求选择

如果你不擅长运动，也没有充沛的精力，你可以选择一只温驯的狗。如果你精力充沛，可以选择一只和你一样精力充沛的狗。

了解狗狗的特质

狗喜欢在院子里咬、叫、挖，并用小便来标记自己的地盘。这些其实没什么大不了的，只是狗狗日常生活的一部分。

选择幼年犬还是成年犬

在决定养狗时，要考虑到幼年犬和成年犬的优缺点。

虽然随着时间的推移，狗的性格和习惯会发生变化，但两岁以后，它们不再像幼年时那样，可以及时纠正坏习惯，因为成年犬的行为和性情已经基本形成。

所以，当你选择养一只成年犬的时候，应尽可能地接近并了解它，选择一只和你脾气相近的狗。

如果你选择养并训练一只幼年犬，在养之前应对它有足够的了解。因为用错误的方式“毁掉”一只温驯的狗狗往往只需要几天的时间。

选择长毛犬还是短毛犬

选择长毛犬或短毛犬不仅要看你的喜好，还要适当结合你自己的习惯。

长毛犬优雅可爱，但你得花很多时间给它们洗澡，否则它们的毛发会缠在一起，可能不太美观。如果你很忙，最好不要养长毛犬。短毛犬可能没有那么漂亮，但它们不需要长时间的照顾，也可以很简单地养好它们。

选择公狗还是母狗

选择公狗还是母狗也很重要。决定狗狗感情、忠诚和气质的是品种，不是性别。但在同一品种中，公狗一般具有较强的个性和身体素质，刚毅、活泼、勇猛和强壮；母狗温驯、敏感、聪明而且容易相处。

选择纯种狗狗还是混血狗狗

混血狗和纯种狗最大的区别在于，纯种狗长大后的外表和行为有时是可以预测的，但混血狗狗不好预测。

不管你喜欢哪种狗，你都需要仔细了解它们的健康状况和寿命。在这两种狗中，混血狗避免了近亲繁殖的弊端，寿命更长，更不容易生病。而选择纯种狗能让你更直观地了解狗狗是否掌握了基本的礼仪，是否真正健康，有时可以根据品种对寿命进行大体的推测。

选择何种繁育环境的狗狗

无论你选择的是专业繁育犬还是家庭犬，标准都是一样的。首先，选择在家里、在人们的陪伴下、在人们的影响下繁育的幼年犬，而不是那些在野外或犬舍中繁育的幼年犬。记住，如果你想要一只参与你家庭生活的狗，就应选择一只在家庭环境中长大的狗。其次，评估你想领养的狗的社会化程度和受训练程度。无论你想领养的狗是什么品种或血统，如果它在8周的时候没有很好地适应社会，它的发展将会延迟。

狗狗的最佳领养月龄

一般来说，领养狗的最佳月龄是在它8周大的时候。因为在那个时候，它已经可以和其他狗狗交流、玩耍了，还可以开始和它的新家庭建立联系。

如果这只小狗过早离开家，它可能无法与它的妈妈以及其他小狗充分交流。它在新家的头几周可能处于“社交真空”中，但是它长大后很可能就会适应了。如果它在原来的家庭里待的时间长了，它就会和原来的家庭变得更亲近，这就增加了适应新家庭的难度，会推迟它融入新家庭的时间。

挑选狗狗需谨慎

观察狗狗的精神状态

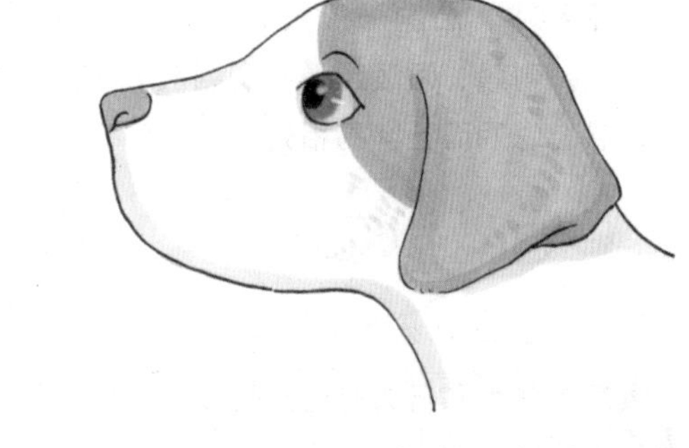

精神状态：活泼好动、反应灵活、双眼明亮有神、行走正常，无跛行的情况。

观察狗狗的被毛

被毛：有光泽、颜色自然、毛色饱满、无脱毛的情况。一般短毛犬被毛服帖，长毛犬被毛蓬松。

尽量选择肥壮的幼年犬

肥瘦：尽量选择肥壮的幼年犬。

检查狗狗的脸部

眼睛：双眼有神、无眼屎、不流泪，角膜清晰明亮、不混浊，双眼球色泽一致。

嘴巴：上下唇闭合良好、口腔黏膜呈粉红色、口腔无臭味、不流涎、牙齿洁白、嘴角被毛颜色正常、无红褐色氧化污渍。

鼻子湿润，冰凉，无分泌物，嗅觉正常。

听力正常，耳内无异味或者黏稠状的附着物，红肿、外伤、出血等情况均证明它内耳有损伤或者耳部有寄生虫，这些都是不健康的表现。

检查狗狗的四肢

让狗狗活动起来，检查狗狗的四肢是否健康，跛行或者是O形腿、X形腿往往是不正常的表现。若是选择博美公犬，一定要检查狗狗的睾丸，因为博美公犬易患隐睾症，虽然隐睾症不代表狗狗完全丧失生育能力，但容易引起一系列病变。

需要留意的其他事项

1. 狗狗的屁股：在购买狗狗时要注意狗狗的屁股，这是一个很重要的位置，看屁股可以看出很多问题。一般健康的狗狗的屁股是干净的，没有任何脏物，若是发现狗狗的屁股粘有便便或有奇怪的味道，那就不要选择。这样的狗狗多数肠胃不好，是不健康的狗狗。

2. 狗狗的体型：通常体型匀称的狗狗才是健康的，过于肥胖或偏瘦的狗狗都不能选择。因为过于肥胖的狗狗可能存在高血脂症、脂肪肝等问题。偏瘦的狗狗同样不能选择，如果吃了食物后不吸收、不消化，这极有可能是消化系统存在问题的征兆。

3. 狗狗的皮肤：健康狗狗的皮肤柔软且有弹性，体温始终保持在38~39℃。被毛保持蓬松的状态，身上没有奇怪的气味，没有寄生虫和跳蚤。若狗狗的皮肤干燥且粗糙，可能是不健康的狗狗。

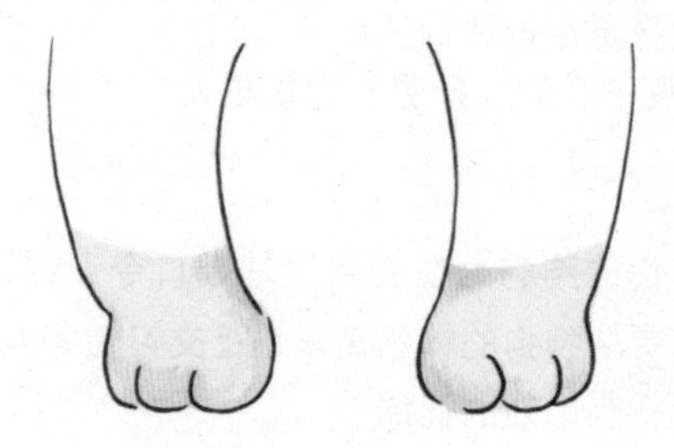

提前咨询一些问题

询问狗狗的月龄

在购买狗狗时尽可能选择一只出生 2 个月左右的狗狗，尽可能不要超过 6 个月。幼年犬的死亡率极高，最好找有经验的人帮忙选择。有的宠物店为了尽快卖掉小狗，会谎报狗狗的月龄，所以大家在选购时需要多加注意。

狗狗的喂食分量及喂食时间

一般狗狗在 3 个月左右大的时候，最好每天喂食 3 次，每次约 10 分钟。若在喂食时，狗狗表现得不太饿，就可以减少到每天 2 次，每次约 15 分钟。

狗狗 6 个月大时，每天只需要 1~2 份狗粮，可以在早晚分别喂给狗狗，晚上不喂食很容易导致狗狗过度饥饿和暴饮暴食。

选好狗后，要询问清楚喂养条件，如果想改变食物，必须逐步减少原食物的量，等待狗狗适应，然后增加新食物的量。

是否进行过定点排便的训练

刚带回家的狗狗的排便问题也是需要主人关注的。一般情况下，狗狗是不会自己定点排便的，对于没有进行过定点排便训练的狗狗，主人要耐心地对它进行定点排便训练。

是否接受过“坐下”“起来”“安静”等基础口令的训练

若你的狗狗之前受到过基础口令训练，你就不必重新训练狗狗。如果狗狗没有接受过训练，你就需要从狗狗的情感需求、社交习惯等方面进行考虑，观察狗狗对现在的家庭生活的适应程度，从而进行有计划的训练。

确保家中环境的安全

整理好家中的电线

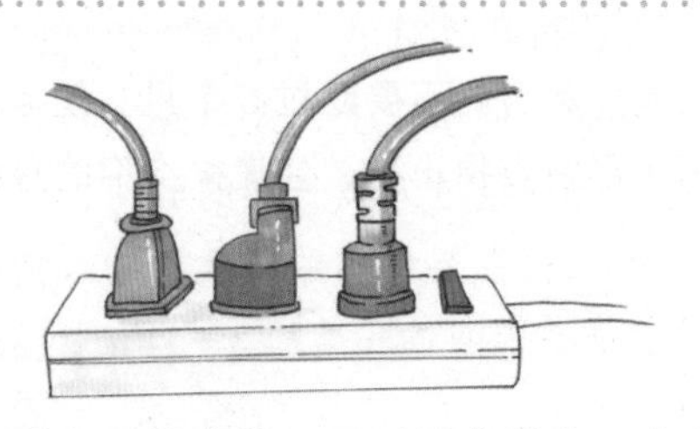

整理家里的电线，可以用收纳盒固定好，或尽量将电线放在高处，让狗狗远离这些危险的东西。

家中的易碎物品要收好

把易碎物品放在家中的柜子里，以防狗狗把它们弄碎，导致意外受伤。

家中的窗户要关好

一些狗很喜欢跳来跳去，所以要关好家中的窗户，避免出现危险的情况。

放置好绿色植物

放在地板上的花盆往往会吸引狗去挖。绿色植物可以放置在狗狗无法接近的地方，或用物品将其与狗狗隔离，或用家具进行遮挡。

化学物品需要安全储藏

化学物品对狗狗来说是非常危险的。所以，为了让你的狗远离清洁剂和其他化学物品，要把它们放在一个密闭的柜子里。同时尽可能避免狗狗靠近垃圾箱。

选对狗粮是狗狗健康的关键

你了解狗粮吗

狗粮按含水量可分为干式、半干式、软湿式、湿式狗粮。

一般来说，我们在日常生活中经常说的狗粮指的是干式狗粮。狗粮中有多种营养成分，通过不断挤压成型，然后干燥脱水，最后加入调味料制成狗粮。

狗粮中水的含量通常低于12%，因为它具有营养全面均衡，保质期长，喂养、携带方便等优点，越来越多的狗主人接受了这种喂养狗的食物。同时，它还具有容易被狗消化吸收的特点。正因为如此，狗粮在许多养狗的家庭中越来越受欢迎。尽管现在，国内仍然有许多养狗家庭不喂狗粮，但随着科学养狗知识的普及和国内许多狗粮制造商的诞生，狗粮的普及范围会逐渐扩大，而且狗粮产品的价格会变得越来越合理。

喂食狗粮的必要性

狗狗有自己的营养需求和饮食习惯，但现在有很多狗主人仍然会用剩菜剩饭喂养狗狗，还有一些狗狗主人会买一些鸡肝、鸭肝，然后准备一些剩菜和它们一起喂给狗狗。除此之外，还有许多宠物食品安全、宠物营养观念缺乏所造成的问题。正因为如此，我们身边的狗面临着持续的健康威胁。

人们往往会认为自己喜欢吃的就是狗狗喜欢吃的，但事实上，人类是一种高级杂食动物，而狗经过人类长期的驯化，已经被驯养成为一种主要食肉的杂食动物。狗的肠道非常短，只有身体长度的3～4倍，这使它们不容易消化过多的碳水化合物，而更容易吸收肉类的营养。狗的嗅觉是极其灵敏的，但味觉是不发达的，我们人类喜欢慢慢吃，细细品尝，但是狗狗却不像我们一样有咀嚼的习惯。所以总体来讲，狗粮更适合狗狗。

适合幼年犬的狗粮

专业的幼年犬狗粮可以为幼年犬提供全面的营养。幼年犬狗粮含优质蛋白质，能促进幼年犬身体的健康发育，还含有钙、磷、镁、锌、铁等必需元素，以及维生素 D，有助强健幼年犬的骨骼和牙齿。

适合成年犬的狗粮

成年犬的营养需求和幼年犬不同，记住不要给它们喂人类的食物，因为人类食物的盐和脂肪含量超标，狗狗吃了会掉毛，或者出现皮肤问题和其他问题，建议喂食低盐的狗粮。除了喂食狗粮，还要注意营养均衡，建议搭配点儿不同的蔬菜和水果，如花椰菜、胡萝卜和香蕉等，提供更均衡的饮食。

适合老年犬的狗粮

进入老年的狗狗身体会老化，胃肠功能衰减，所以最好是喂食老年犬专用的狗粮，同时为了给老年犬补充营养，水果和蔬菜也可以喂给老年犬。有的老年犬还会有骨头老化的问题，要注意帮助老年犬补钙，同幼年犬一样，可以喂它一些富含钙的食物。

喂食的次数和分量

幼年犬就和人类小孩子一样，需要主人遵循少量多餐的规律来喂食，喂食的分量不用太多，不过喂食的次数要多一点儿，最好是每天 3~4 次。喂食的时候最好把幼年犬狗粮泡软之后再喂，这样会容易消化，而且吸收起来也比较好。

喂食成年犬就没有幼年犬那么麻烦和讲究了，通常一天只需要喂食两次就可以了，不过喂食要定时、定量、定点，不要让它形成挑食的习惯，不然它容易营养不良。也不要一次喂得太多，最好是让它七分饱。

老年犬消化功能会变差，所以最好是遵循少量多餐的喂食规律，还要记得多给它喝水，必要时可以给它喂食一些益生菌，帮助消化。

选好狗窝，让狗狗学会独处

常见的几种狗窝

常见的狗窝有：封闭式狗窝、开放式狗窝、大型狗窝、小型狗窝等。狗窝的选择应根据狗的实际情况而定。

根据狗狗的体型选择狗窝

在购买狗窝之前，要知道你的狗的大小。通常，狗窝的大小最好是狗的 2~3 倍。一些狗主人错误地认为狗窝更小会更暖和，但是狗窝太小会让狗狗难以伸展，会让它感到不舒服。特别是小型犬，需要为它准备一个足够大的狗窝，让它可以站起来、转身和躺下。要确保狗窝通风良好，让狗狗能有良好的睡眠，从而保持更好的精神。

如何训练狗狗在狗窝里入睡

根据狗狗的大小和习惯，选择适当大小的笼子并将狗窝放在里面，还可以放一些饼干和玩具在狗窝的角落。当狗狗想要休息的时候把它放进笼子里面，并观察它的状态。当感觉它已经熟睡或者没有出来的想法时，主人就可以把笼子的门关上。若是狗狗没有睡着就开着门，让狗狗能自由出入，当狗狗再次进入狗窝时可将笼门暂时关上。

在狗狗想要出来时，可以将笼门打开。若是狗狗胡乱抓挠，可以不必理会，等它安静下来。很快，狗就会钻进它的狗窝，想睡觉的时候就会主动进去。晚上请把笼子拿到卧室，睡觉前关上笼门，然后狗会安静地睡觉。这些过程需要狗狗不断地去学习和适应。

选好宠物厕所，防止狗狗到处做标记

常见的几种宠物厕所

● 可折叠式宠物厕所

设计简单、外观好看的可折叠式宠物厕所，底部采用橡胶材料制成，可防止狗划伤地板，同时还能防止厕所滑动。

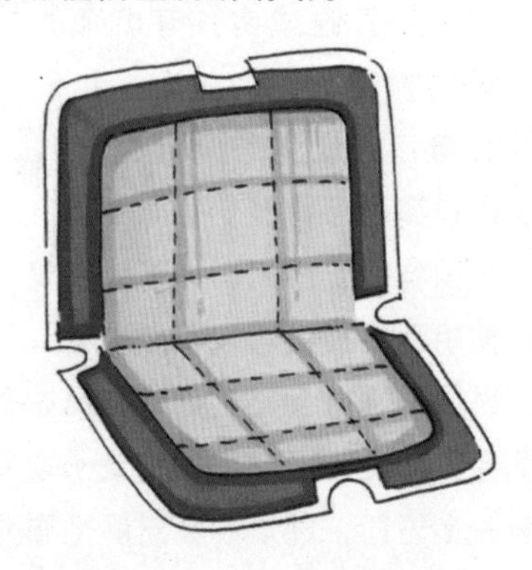

● 卡扣式宠物厕所

卡扣式宠物厕所的设计可防止狗狗的尿垫移动，部分厕所有遮挡的设计，可防止尿液飞溅，抗菌设计可保持卫生洁净。

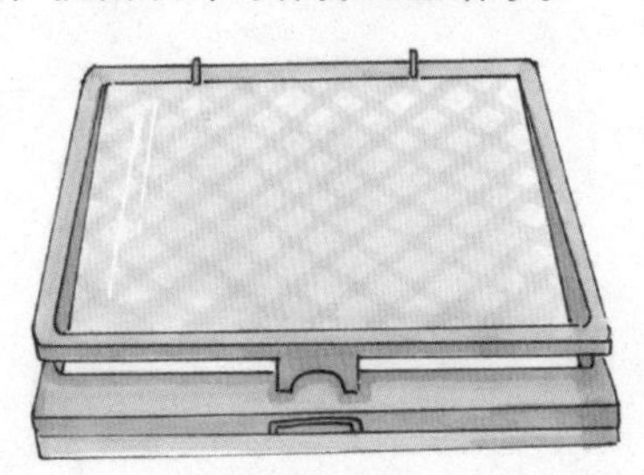

● 简洁式宠物厕所

高强度复合塑料压制，美观又实用，3 面围边，可防尿液外溅，符合狗狗喜欢在墙根抬腿尿尿的本能。

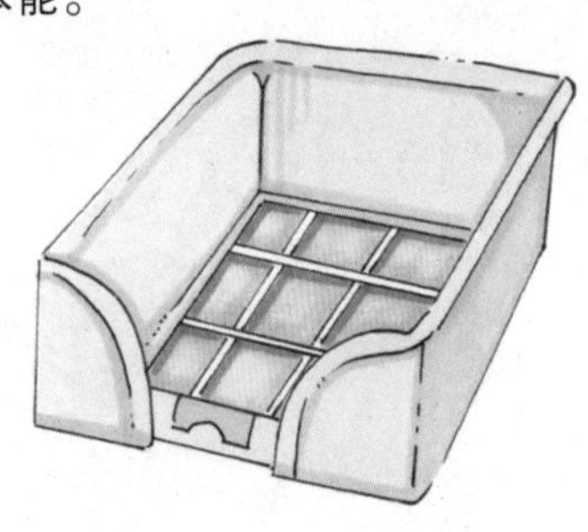

选对食盆，干净又卫生

常见的几种食盆

狗狗用来吃饭和喝水的食盆最好选择不锈钢或塑料材质制作的，底部要重，边缘要厚，防止食盆被撞倒或打翻。不建议使用易生锈的铁制产品。

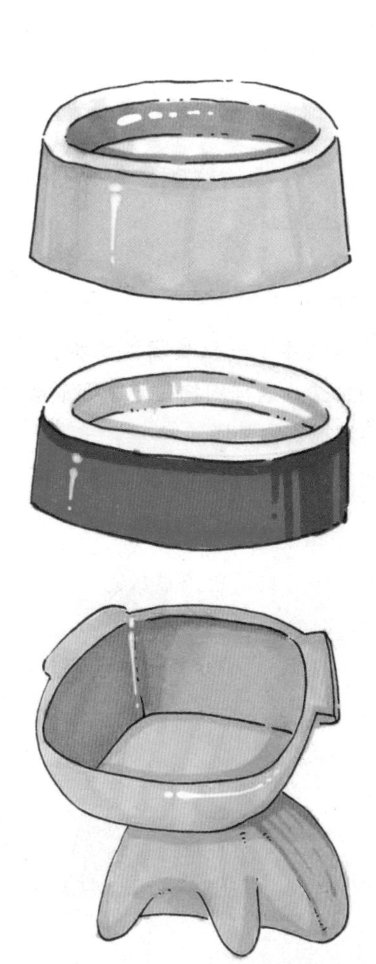

- **不锈钢食盆**

不锈钢食盆坚固耐用，容易清理，适合那些喜欢啃咬食盆的狗狗使用。

- **陶瓷食盆**

陶瓷食盆比较沉重，适合喜欢将食盆移来移去的狗狗使用，可以有效地避免狗狗在吃饭的同时将食盆不断地移动。陶瓷食盆表面光滑，易于清洁，但易碎，所以应谨慎选用。

- **塑料食盆**

塑料食盆有很多样式和颜色，质地很轻，不易摔破，而且价格便宜。但是塑料食盆不适合喜欢啃咬食盆的狗狗使用，塑料食盆容易被狗咬下一小块，然后被它意外吞下去。

根据狗狗的外形选食盆

食盆的大小和形状可以根据狗狗的嘴和鼻子的形状选择。口鼻较长的狗狗可以选择较深的食盆，口鼻较浅的狗狗可以选择较浅的食盆。尽可能选择内表面光滑的食盆，容易清洗和消毒。

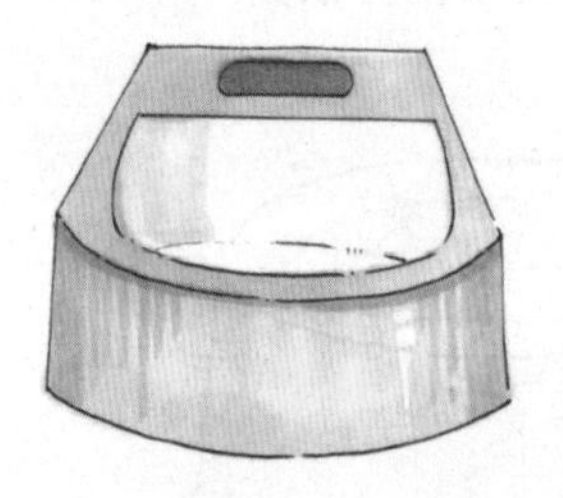

长嘴狗用深食盆

若你饲养了一只长嘴的狗狗，那就选择较深的食盆。这样狗狗在吃东西时会很舒适，也不容易把食物弄撒。

适合犬种：柯利牧羊犬、惠比特犬。

长耳朵狗用窄食盆

如果你的狗狗有着长长的耳朵，可以为它选择小口径、大容量的食盆。因为这样的食盆口径小，往往只能容纳狗狗的嘴，耳朵不会掉进食盆里，避免弄脏狗狗的耳朵。

适合犬种：美国可卡犬、英国可卡犬、雪达犬、巴吉度犬。

扁脸狗用浅食盆

如果狗狗脸是扁的，最好选择一个很浅的食盆，这样它们就可以很容易地吃到食物。需要注意的是，许多扁脸的狗狗吃东西很快，容易被呛到，所以最好把食盆放到和狗下巴差不多高的位置。这样它们在吃东西的时候可以保持正确的抬头姿势，更容易吞咽食物。

适合犬种：八哥犬、英国斗牛犬。

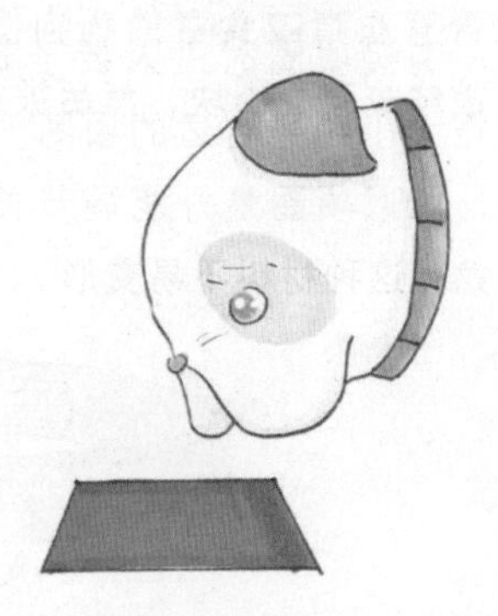

狗狗外出和训练的必备物品

牵引绳

在选购牵引绳时不仅要保证功能性，还要保证一定的舒适性。一般大型犬要选用牛皮材质的牵引绳，经过长时间的使用，狗狗自身分泌的油脂可以使项圈更具韧性。对于小型犬来说，尽可能给它使用背式牵引绳，不仅安全性好，也可以让狗感到舒适。

中小型犬可以选择柔韧性好的牵引绳，可以利用按钮控制牵引绳的长度。在购买时选择好的品牌，可以保证质量。选购牵引绳时可以根据狗狗的大小、体重以及你需要的伸缩长度来选择。

项圈

购买项圈时主人要了解狗脖子的大小，根据大小购买合适的项圈。狗的身体长得很快，所以项圈最好能调节长度，材料最好选尼龙，这种材料不易变形。

口哨

在外出时，如果狗狗跑得离你比较远，听不到你的呼唤，这时候就可以用一个口哨来呼唤狗狗。

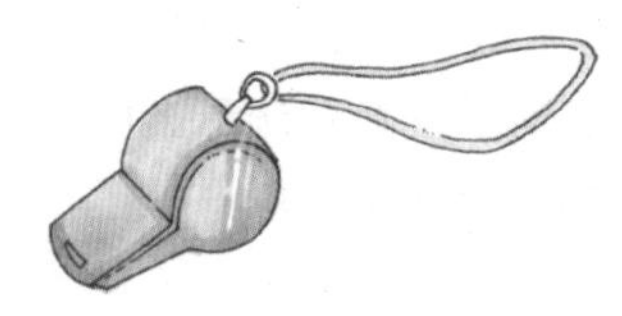

训练玩具

训练玩具通常是飞盘。飞盘由优质塑料制成，边缘光滑。它是训练和陪狗玩耍的好工具。飞盘有各种尺寸，一定要给狗狗选择合适的尺寸。

其他物品

玩具

别忘了去动物玩具市场给狗购买一些玩具。购买时要注意，玩具上的小零件不能松动，否则有被狗狗吞食的可能。

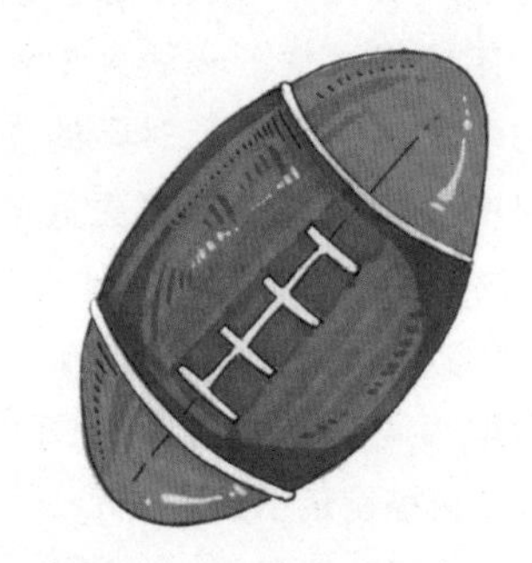

狗笼

当狗走出你的视线范围到处闯祸时，你需要给它提供一个“小巢”，在那里它可以“平静”一段时间。有一个狗笼也有助于训练它不要在公共场所小便。你可以在宠物市场找到各种各样的狗笼，甚至是折叠式的。如果你正在寻找一个可以供成年犬使用的狗笼，要仔细挑选尺寸合适的笼子，要考虑它是否能站在里面或舒适地躺在里面。

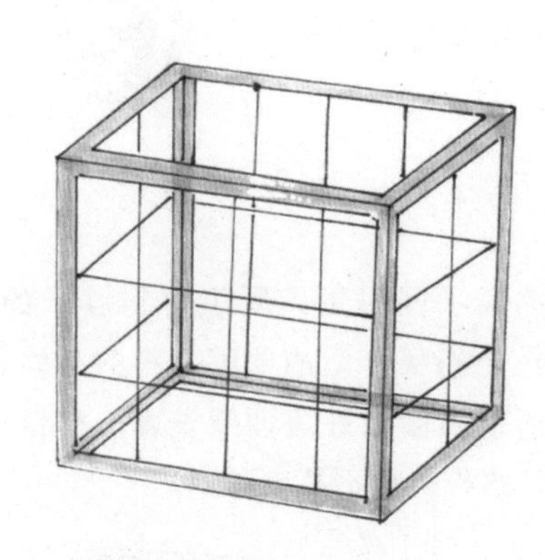

第2章
了解狗狗的习性和行为

带狗狗回家

如果需要托运

有些特殊情况，可能需要将狗狗托运回家。

1. 包装的准备：使用专用的塑料航空箱，平时在家中使用的狗笼不可以用于托运。

2. 检疫证明的准备：按机场要求进行检疫，需要支付费用，将检疫证明附在运单之上。

3. 时间上的准备：确定好航班时间后，应提前约3个小时到达机场进行准备，留出足够的时间进行检疫。并根据候机时间和飞行时间为狗狗准备好充足的水和食物，避免给狗狗带来不必要的伤害。

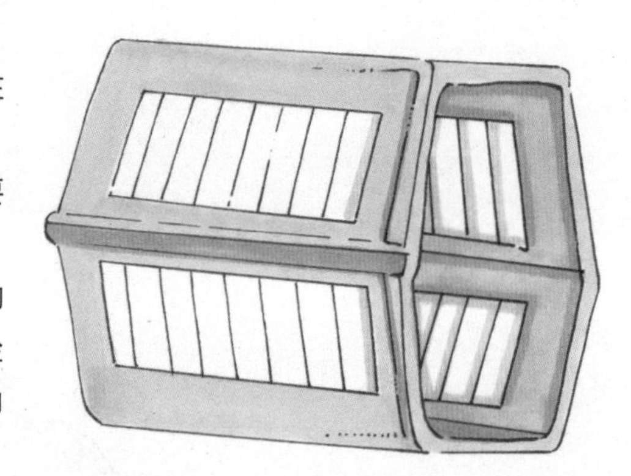

疫苗的接种

带小狗回家前，建议带它到医院进行体检，确认狗狗健康后，带回家观察一周，如果没有健康问题，可以去医院接种疫苗。如需申请养狗证，需到当地政府规定的地点接种狂犬疫苗。接种疫苗前不要给小狗洗澡，以免感冒。如果一定要洗，要注意浴室的保暖并及时吹干。

办理狗狗领养证明

领养一只狗狗后，需要去办理检疫证明，再携带养犬登记申请表和养犬人的本地常住户口或者暂住证明，到所在地公安部门指定地点办理养犬登记，需要给狗狗办狗证。

带回家的最初几天至关重要

帮助狗狗熟悉环境

给你的狗一点时间好好看看它的新家。花一个星期左右的时间带它熟悉家里的环境，出去郊游、散步或类似的事情要过段时间等狗狗熟悉环境之后再进行。

让狗狗熟悉自己的名字

狗狗的名字可以预先选定。要让狗狗很快熟悉它的名字，当你和它在一起的时候，试着叫它的名字。当它累了，坐下来时，你可以轻轻地抱着它、抚摸它，叫几次它的名字，因为它喜欢陪伴的感觉。如果它很活跃，用玩具来引导它玩，并愉快地叫几次它的名字。

在这段时间里，你也可以在喂它食物的同时叫它的名字，这样当它听到后就会明白你是在叫它。在最初的几天里，这样做几次可以很快增进你们的感情。

不要过分打扰刚到家的狗狗

当朋友或家人准备欢迎新成员时，他们会很兴奋地抚摸狗。这时尽可能让大家冷静下来，等待狗狗适应新的环境。在新环境的第一周，狗狗将逐渐了解新环境中的家庭成员，知道它的主人是谁。

如何进行第一次喂食

狗狗刚带回家时，不要急着去喂它。当狗狗刚进入一个新的环境时，情绪还不够稳定，消化功能可能不好。可以先试着给狗喂水，通常只需半天，狗狗就可以熟悉环境，这时就可以正常喂食了。

及时进行定点大小便的训练

幼年犬的排泄非常频繁并且迅速，主人需要随时注意它的状况，最好能一直与它待在同一个房间。当它表现出一点不耐烦时，可能会嗅着地板朝门口走去，然后开始转身或蹲下身子，这时就要把它抱到指定的排便位置。不要在抱它到指定位置后就马上催它，而应在它被带到指定的位置后鼓励它“安定下来”，因为它要过一段时间才能真正“行动”。当狗狗开始排便时，可以对它进行一些鼓励和引导，这样做一段时间，会让狗狗养成定点排便的好习惯。

狗狗世代相传的行为习性

食性

在未经驯化之前，狗狗主要以较小的动物作为食物。在被人类驯化之后，人类对狗狗的饮食进行了干预和控制，使狗狗的食性发生了改变，狗发展成为以肉食为主的杂食性动物。有很大一部分的狗狗主人使用狗粮喂养狗。

除此之外，狗狗的一些生理特性也需要我们了解。例如，狗狗的犬齿和臼齿非常尖锐，但它们不善于咀嚼食物，所以我们会经常看到狗狗狼吞虎咽的样子。狗狗的消化能力也是极强的。当主人在了解狗的这些特性后，就应尽可能地避免狗狗的食道受到伤害。狗狗从古至今都有一个恶习就是“狗改不了吃屎”，如果你也是有狗狗的人，就要努力纠正狗狗的这个恶习。

等级习性

狗狗还有自己种族的等级习性，它们等级森严，相互保护。狗狗之间通过斗争取得首领的地位，最终获胜的狗狗作为首领领导并统治着这个群体。狗狗间有严格的等级制度，除首领外的任何狗狗都不许在其特定的位置小便。其他的狗狗在首领的面前会做出一些动作，如摇尾巴、摇头、撤退等，或是躺在首领的面前，表现得十分安静。只有在首领离开的时候，狗狗才会停止这些动作。正是由于确定了明确的等级，狗之间才可以很好地相处，不再有敌对状态。

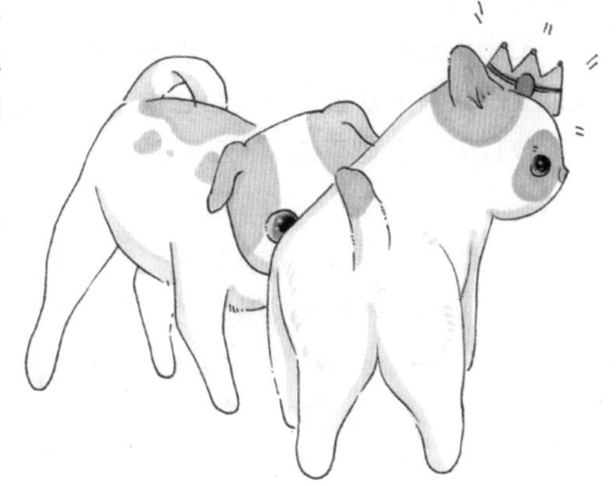

因此在养狗狗的时候，主人要明确狗狗的地位，避免它出现不服从的现象。

领地习性

狗狗有一个独特的领地习性，即用尿液或气味来标记它们的“领地”，并定期更新它，向其他动物发出“领地”的信号，警告它们不要擅自闯入。狗的气味可以告诉另一只狗它的领地、性别、年龄和健康状况。一个区域可能属于一只狗或一群狗。

狗狗标记自己领地的方法是在它们经常走的路上挑选一些固定的点，并尿上少量的尿液。例如，当一只公狗在外面散步时，它经常在一些树干、灯柱、路边或地面的一角撒尿，以标记它的领地。不慎闯进的其他狗狗会非常小心。公狗比母狗更有领地意识。

攻击习性

狗有攻击习性，一般表现为咬人和小动物，这是非常危险的，需要主人对它进行惩罚和调教。狗的攻击行为可分为正常攻击行为和异常攻击行为。

狗的正常攻击行为，包括保护它的主人，保护它的领地和保护自己，但是如果狗的攻击行为太具侵略性，就会变成异常的攻击行为。例如，狗狗很可能为了保护主人攻击陌生人，如果主人命令狗停止攻击，但狗不停止攻击，这就是一种异常的攻击行为。狗狗的防御意识也很强，如果觉得危险而采取攻击是正常的攻击行为；如果狗随意伤害无辜的人，则是异常的攻击行为。

异常的攻击行为包括对儿童的攻击，或捕获甚至杀死小动物等。一只平时温驯的狗突然对孩子吼叫，吓唬或伤害孩子，这是狗狗对孩子的竞争性攻击行为，这是一种异常的攻击行为，可能是狗和孩子争宠的表现。虽然有研究表明狗已经被驯养了1万~1.5万年，但它们仍然有捕捉猎物的习性。它们经常追赶猎物，然后在最后几秒钟放弃追赶。

主人在充分了解狗的攻击性后，应引导狗狗的正常攻击行为，控制和纠正它的异常攻击行为。

吠叫习性

吠叫是狗的一种天性，也是狗相互交流的方式。随着狗和人类共同生活，吠叫逐渐成为狗交流和表达情感的一种方式。狗的叫声因品种和大小的不同而存在一定差异，但它们吠叫的节奏和方式是相似的。狗的叫声可以传递不同的信息，如哭泣、孤独、悲伤、难过、痛苦、快乐、敦促、注意、威胁、愤怒、仇恨和警惕等。但并不是所有的狗都喜欢吠叫，有些狗不喜欢。

现代城市的大多数居民住在高层建筑里。在这样的建筑里狗的吠叫可能会对其他居民造成干扰，所以我们在决定养狗之前应该充分考虑周围的环境。

交往习性

狗狗的交往习性也需要大家了解，狗狗喜欢与人交往，狗享受与人交往是一种自然的习惯，不仅因为人们有责任喂养它们，还因为狗有很强的记忆力，能与人建立深厚的情谊，全心全意地保护它们的主人。例如，主人在火中或水中陷入危险时，狗可以找到方法来拯救他们。我们听说过很多狗狗为了救主人而牺牲自己的生命的例子。正因为狗狗有这样的交往习性，人们越来越喜欢它们，把它们当作宠物。

狗狗天生的生活习性

睡眠时间

大多数狗狗喜欢像它们的主人一样在晚上睡觉，但白天当它们的主人外出或忙于工作和学习时，它们也会间歇性地在白天睡觉。然而，如果主人的工作时间比较特殊，狗狗也会去适应主人的生活方式，并根据主人的生活方式选择时间睡觉，前提是狗狗已经被它的主人适当地喂养和训练了。

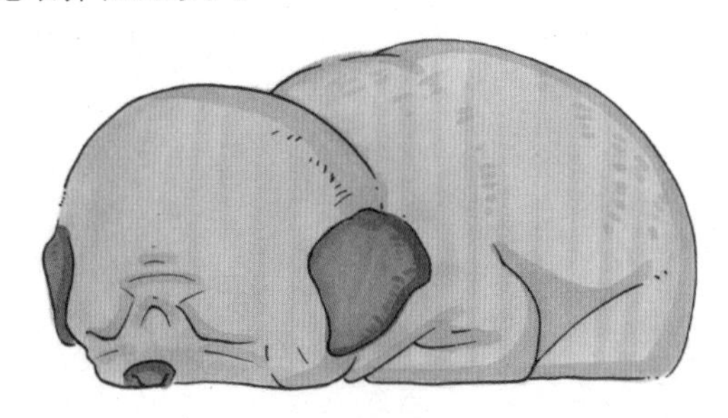

梳毛习惯

有些狗狗不喜欢主人用刷子和毛巾为它清洁身体，这是因为狗狗对自己的地位认识有偏差，自身具有较强的优越感。对于一些被主人用错误的方式养大的狗狗，例如经常被主人用刷子和毛巾进行恐吓的狗，它们可能具有相对负面的情绪。还有一些狗狗只允许主人为它们清洗，若是换成其他人，它们会认为这是对它们的攻击行为。

天生爱玩耍

虽然狗已被驯化了很长一段时间，但它们仍有明显的遗传特征。最明显的是，不管年龄多大，狗狗都表现得很顽皮、爱玩耍。

充满好奇心

狗对它们所处的环境和外部世界充满了好奇心。当狗狗第一次见到猫的时候，狗狗可能会表现得很热情或很警觉。但如果狗狗很了解猫的话，就不会表现出很有兴趣的样子，反而会忽略它们。

狗狗本能地想了解其他动物，除非它们害怕或对以前不愉快的经历有负面印象。它们也会在草坪上追逐宠物兔子或觅食的鸟类。当小动物逃跑时，狗会非常兴奋。虽然这些都是狗的本能行为，但它们的这些行为可能也会造成很多麻烦，应该谨慎对待。

狗狗的知觉发育

嗅觉

狗狗对气味的敏感性主要体现在它们对气味的辨别能力上。并且狗的鼻子对气味具有很强的分析能力，能在各种气味中找到它们想要的气味。

听觉

狗狗的耳朵通过中耳鼓膜收集声音，传到内耳的淋巴，然后传到大脑的听神经。狗能分辨低或高频率的声音，识别声源的能力也非常强。它在夜间会保持高度的警觉，即使在睡觉时，也能清晰地分辨声音，因此我们平时可以不用对着狗大声喊叫。响亮的声音可能会引起狗狗的耳朵疼痛或恐慌，并对其产生不利影响。

视觉

狗拥有出色的夜视能力、良好的深度感知能力和250度的总视野。狗眼睛的晶状体大而畸形，像马一样，不能调节距离。狗有一种特殊的能力来探测移动的物体。狗在昏暗的灯光下比人看得清楚，因为狗是天生的食肉动物，为了狩猎，它们在黑暗中有很好的视力。此外，狗的角膜很大，可以让更多的光线进入它们的眼睛，使它们更容易在昏暗的地方看到东西。

人类和狗在视觉上的区别在于两者对光的反应。人眼对光的三种基色（红、绿、蓝）有反应，这三种基色组合产生不同的颜色。狗不能像人一样看到很多颜色，但是狗能看到特定的颜色。狗狗可以区分蓝色、靛蓝色和紫色，但对光谱中的如红色和绿色等颜色，不是特别敏感。

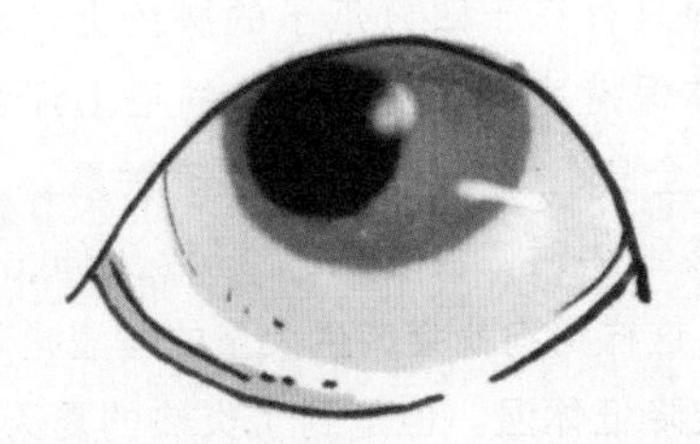

味觉

狗狗的味觉与人类相比较差，这是因为狗的舌头还有更重要的用途，即通过分泌大量唾液来散热。舌头对于人类来讲可以品尝不同的味道，但对于狗狗这种食肉动物来讲就没有那么重要。狗狗的舌头很大，就像一个工具，将食物送进嘴里，然后用锋利的牙齿咀嚼食物。当狗狗非常饿的时候，它们并没有足够的时间去品尝食物的味道。

唾液腺和汗腺

许多犬科动物，如狗和狼，它们的汗腺发育不佳。与人类不同，它们不可以通过出汗来调节体温。一旦它们的身体开始升温，它们就很难降低体温，所以狗害怕热。

狗狗有毛上汗腺和无毛汗腺。调节体温的无毛汗腺只存在于四只爪子的脚垫上，不足以让身体保持凉爽。引起体味的毛上汗腺虽然分布在全身，但与体温调节没有关系。

狗狗感到热时，会张开嘴将舌头伸出，大口喘息。这样狗狗就会产生大量的唾液，通过蒸发唾液降低体温。但是到了炎热的夏天，单靠这样的方式狗狗是无法降温的，因此需要主人加以关注，帮助狗狗降温。

狗狗成长的阶段性变化

新生阶段

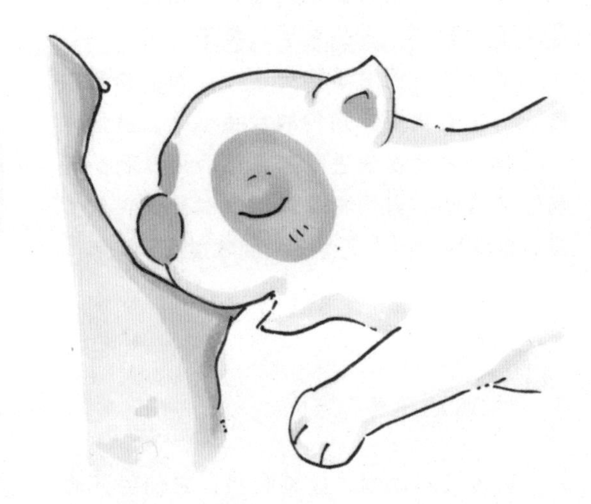

幼年犬出生后，它并没有发育完全，需要母犬用母乳进行喂养和照顾。母犬会给初生的幼年犬梳理毛发，避免它们受到病毒的侵害。母犬也会刺激幼年犬排泄，并清理自己的奶水及残留物。

两周至三周

狗狗出生两周至三周后，母犬会引幼年犬到狗窝以外的地方排便。与此同时，幼年犬正在长牙，并逐渐能够吃其他东西。熟悉母犬的人可以开始轻轻地抚摸幼年犬，以促进它与人类的早期互动。

四周至五周

当狗狗成长到四周至五周时，就可以很好地行走了，此时狗狗的视力也处于不错的状态，因此它们可以尽情地观察周围的环境。母犬仍然会用母乳喂养幼年犬并对其进行训练，当幼年犬在不停喊叫的时候，主人要及时地加以阻止，当幼年犬跑得太远时，母犬会将其带回仔细照看。当幼年犬长到足够强壮时，母犬才会停止对它们的管制，让幼年犬自己成长。

六周至八周

狗狗长到六周至八周时，身体和各个器官都得到了发展。它们可以离开母犬，去探索周围的世界，逐渐独立。狗狗此时已经长出针状的乳牙，喜欢固体食物。此时，大多数狗已经能够接受它们的第一次疫苗接种。

九周至十一周

狗狗在九周至十一周的时候已经能接受和新主人一起生活，并可以接受第二次疫苗接种。同时，这个阶段是狗接受各种训练最好的时期，主人要做好训练狗的准备。

少年期

少年期的狗狗已经完全适应了它的新家。知道如何在家庭中生活，接受自己在家庭中的地位，并努力改正早期存在的问题。

青春期

当狗进入青春期（9~12个月大）时，公狗开始抬起腿撒尿，母狗则开始发情。一些过于“自信”的狗甚至会反抗主人，当它们对食物或玩具咆哮时，主人应加以关注。

成年期

到达成年期的狗狗已经形成了自己特有的个性和特征。不同的品种具有的生理特征与激素变化不同，结合狗狗的社会互动，为狗狗以后的生活奠定了基础。即使狗狗的个性与行为此时基本上已经固定，主人仍然可以纠正它们的问题，但越往后，改掉狗坏习惯需要的时间就越长。大多数狗在三岁的时候，它们的体重和体型就已经稳定了。

读懂狗狗的肢体语言和行为

摇尾巴

通常大家都会觉得狗摇尾巴是示好的表现。但实际情况并非总是如此。狗在害怕、兴奋或困惑时也会摇尾巴。一只受惊的狗可能会一边摇尾巴，一边思考下一步该怎么做："我是战斗、逃跑还是投降？"如果愤怒的挑战者倾向于继续攻击，那么它的尾巴会高高地摇摆得更快。

露出腹部

有时狗狗和它们的主人在一起时，会躺在地上露出它们的腹部，它们只有在觉得安全的人面前才会这样，因为腹部是它们很脆弱的部位。这时你可以轻轻地抚摸狗狗腹部上方，除此以外，腹部是它们的敏感部位，尽量不要摸。

耳朵向后并夹紧尾巴

当狗狗耳朵向后并夹紧尾巴的时候，一般存在两种情况：一种是恐惧，另一种是顺从。如果它同时向后移动，可能是因为它感到不安，害怕周围的东西或人。主人应该把它带离当前环境或安慰它。

洗澡后打滚

狗洗澡后喜欢在地板上或狗窝里打滚。这是因为洗澡后，它们身上有沐浴露的味道，想要摆脱这种味道，或者洗澡后暴露了它们的气味。狗有捕猎的本能，所以它们想要隐藏自己的踪迹和气味。

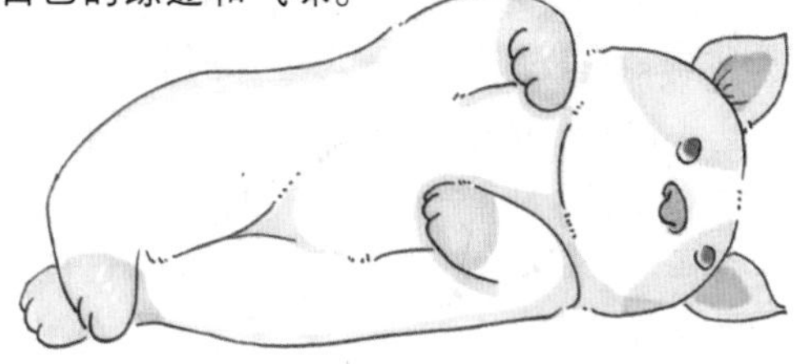

把食物藏起来

有时候，狗狗会得到一些骨头或其他它们不吃的零食，狗会把它们藏在狗窝里或床底下。别担心它们会饿到自己，它们的天性就是在再次感到饥饿之前把多余的食物藏起来。它们的胃非常擅长消化食物，所以吃变质的食物对它们来说并没有问题，但是尽量不要让它们吃变质的食物。

挠拖鞋或狗窝

如果你的狗狗喜欢躺在你的拖鞋上，那是因为拖鞋上有你的气味。有时它们会挠拖鞋，然后躺下，那是因为它们认为你的拖鞋不够平，趴着不舒服。这就像挠它们自己的狗窝一样，它们喜欢舒适。

听懂狗狗的叫声

1.“嗯一嗯”声：持续的、闷闷的低鼻音，表达疼痛的状态，可能是疾病或受伤的征兆。

2. 嗷叫声：如果一只狗被踩了或者被夹了，会发出短而响亮的叫声。

3. 嚎叫声：狗从高声到低声地长时间地嚎叫，就像狼的嚎叫一样。这是狗在向远方的“朋友”传递痛苦、无聊或厌倦的信息。

4.“呜一呜”声：狗狗在悲伤和孤独时发出的声音。例如，小狗离开妈妈时发出的声音、为实现愿望时发出的声音、恳求主人时发出的声音，等等。

5.“汪一汪”声：狗狗高声“汪汪”叫的意思是提醒同伴或主人发生了某件事情，如陌生人闯入。

6.“呜呜”声：一种柔和、短促、低沉的声音，用来表示高兴或发出请求，在主人回家或乞求食物时会发出这样的声音。

7.“喔一喔”声：当狗狗发出低音调的、又长又重的声音时，这是非常具有威胁性的，表示它要进行攻击了，如当一个陌生人接近它时。

狗狗半夜叫有可能是以下几个原因。

1. 刚被带回家中的幼年犬半夜叫，可能是因为没有适应新环境。

2. 附近可能存在噪声，狗的耳朵比人的耳朵更灵敏，有时我们听不到的声音狗狗却能听到，它可能是一种让狗焦虑的声音。

3. 狗狗生病了，这种情况要及时带它去看兽医。

4. 狗狗感到口渴或饥饿，通过这种方式来告知主人。

第 3 章
狗狗的基础训练

基础口令训练

“坐下”

目标：听到“坐下”的口令时，狗狗端正地坐下，直到口令解除。

训练步骤如下。

1. 站或跪在狗的面前，手里拿着食物，食物比它的头高一点。

2. 慢慢地把食物移到狗的后脑勺上，让它鼻子朝上，屁股朝下。如果狗的屁股没有朝下，继续将食物移向狗的尾巴。当狗的屁股一碰到地面时，就喂它食物，并说“干得好”来加强它的记忆。

如果狗对食物不感兴趣，用中指和拇指按压狗的臀部（髋骨前）的两侧。同时，拉上狗狗的牵引绳，让它往后靠坐在地上。狗一坐下，就表扬它、奖励它。

一旦狗狗能够安静地坐下，等几秒钟再奖励它。记住要等到狗狗坐在正确的位置。

小贴士：这个口令较为简单，6周大的幼年犬可以开始学习，这通常是狗学会的第一个技能。

“起立”

目标：听到“起立”的口令时，狗狗能应声而起。

训练步骤如下。

1. 把狗拴在一根牵引绳上，发出“起立”的口令，然后迅速地把绳子拉起来，这样狗就会走到你面前。以愉快、坚定的语气给出口令。口令只给出一次。

2. 狗狗适应后，换较长的牵引绳。

3. 当你觉得可以解开牵引绳时，选择一个封闭的区域。如果狗不听从你的第一次口令，走到它面前，把它带到你发出口令的地方。如果狗在第一次听到口令时没有自己完成动作，不要奖励它。再次戴上牵引绳，待狗成功完成5次动作后，再解开牵引绳进行练习。

小贴士：狗可以快速理解这一动作口令，但需要不断地练习和巩固。

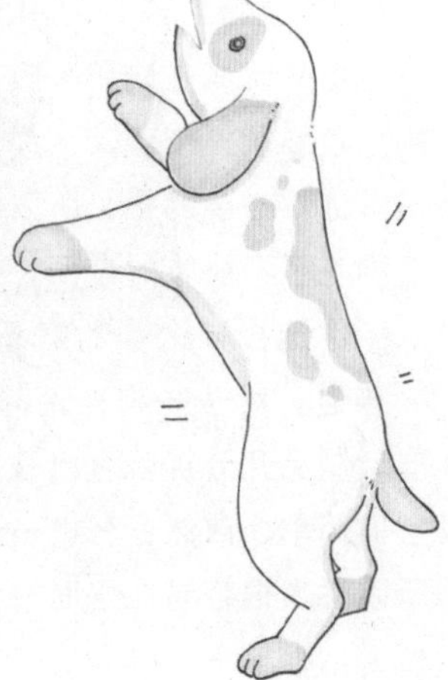

"安静"

目标：听到"安静"的口令时，狗狗胸腹朝下或侧着屁股趴到地上。这一重要口令有助于防止危险情况的发生，比如狗狗穿越危险的道路交叉口时。

训练步骤如下。

1. 让狗坐在你前面，把食物举到它的鼻子前，然后慢慢地把食物放到地上。

2. 运气好的话，狗会嗅出食物，然后慢慢趴下。狗趴下后奖励和表扬它，记得当它在适当的位置时才奖励它。如果狗只是弯曲身体，拿着食物，慢慢地在它的前爪之间移动或远离它。这可能需要一些时间，但狗最终能够学会趴在地面上。

3. 当狗对食物不感兴趣时，可以轻轻按下它的肩膀，向下推，把它弄倒。狗趴下时要表扬它。把话说完，口令比直接控制它的身体更可取。

4. 当狗能趴下时，逐渐延迟给予奖励的时间。当狗趴下时，说"等，等，等"，然后说"好"，并奖励它。奖励时间的变化能使狗保持专注。

预期效果：相比那些腿长、胸厚、极度活跃的牧羊犬，安静的牧羊犬更有可能学会趴下。任何年龄的成年犬和幼年犬都可以学习这个动作。

磨牙撕咬训练

什么是磨牙玩具

磨牙玩具是狗用来咬的东西，很难折断，也不能吃。如果你的狗咬坏了一个玩具，你可能会买一个新的玩具来代替它，这将花费你不必要的钱，所以一个经得起咬的玩具是更好的。如果你的狗吃了不能吃的东西，会对狗的健康造成很大的伤害。

你选择什么样的磨牙玩具取决于狗是否喜欢咬东西以及它的味道。对一些狗来说，皮革制品很有嚼劲；对另一些狗来说，皮革制品几分钟就可以被撕碎。中空、无菌的骨头也是一种选择。它们简单、自然、有机——它们不是塑料。而且，它们是中空的，所以主人很容易在里面放食物。

磨牙玩具的正确使用方法

咬磨牙玩具不仅可以让狗狗一直有事情做，而且可以减少狗狗因为和你分离而产生的焦虑。

狗是一种好奇的群居动物，当它被单独留在家里时，需要做点什么才不会无聊。你需要让你的狗在白天有事可做。如果你的狗喜欢咬玩具，那么你可以让它安静下来，好好咬玩具。你应该教你的狗不要咬家具，而要咬玩具。一个让狗咬磨牙玩具的有效方法是用狗粮和零食填满玩具。事实上，狗狗在家的前几周，可以不用食盆。而用填满零食的玩具作为诱饵或奖励。

一旦狗狗爱上了磨牙玩具，并且至少一个月没有乱咬东西或胡乱排便，你可以把供它走动的房间的数量增加到两个。渐渐地，增加其他房间供狗四处走动。最后，当它独自在家的时候，可以让它自由地在室内走动。如果咬错了，则限制它在原来的房间至少一个月。

教会你的狗喜欢一个能磨牙的玩具，不仅能防止家里的东西被损坏，还能防止你的狗叫，因为它咬东西时不会叫。磨牙玩具也可以帮助你的狗很快地安定下来，因为它不会在咬玩具的时候跑来跑去。

磨牙玩具对有强迫症的狗狗来说是一种有效的缓解方法。

训练狗狗与人相处

不乱扑人

如果狗的行为没有产生它预期的结果，它会慢慢停止这样做。

训练步骤：

当狗跳起来扑向你时，请180度转身，忽略它；如果它继续在你前面跑，然后又跳起来，请转身走开；如果它在你后面乱扑，就站着别动；在某个时刻，它会停下来坐下，请稍等片刻，然后冷静地转过身来。

请注意，狗的乱扑不应该被任何人接受，只有这样它才会逐渐放弃这种行为，所以所有的家庭成员都有义务坚持原则不放松。

如果有客人来访，请提前告诉他，家里是不允许狗到处乱跑的，或者你可以把狗拴在牵引绳上，避免它胡乱扑咬。当你在路上遇到某人时，你也可以使用这个策略。不要让狗扑向某人，把它带回来，用绳子拴住它。

不对人乱叫

如果狗公然对你咆哮，你必须先说“不要这样做”。一旦这种行为被有效制止，大声地夸奖它。在这种情况下，最好不要与狗有直接的眼神接触。狗狗之所以乱叫也许是因为你让它从家具上下来，也许是因为它对食物不满意。

改变你的狗狗的行为并鼓励它对口令做出反应的较好的方法是你站在另一个房间里，吹口哨或者拍一个球来吸引它的注意力。当它顺从地来到你身边坐下时，一定要给它一个奖励（口头表扬或物质奖励，如食物、模具、玩具等）。

狗与孩子相处时，需要你的时刻陪伴

如果你的狗在很小的时候就有机会和孩子互动，一定要利用这个重要的时段，给狗狗一个正确的引导，确保它以后会对孩子友好，即使它长大了也会对孩子友好。一般来说，孩子们的行为会比较夸张，例如扑向狗，并在狗跑的时候尖叫。触摸狗时，他可能会捏狗的鼻子，拉狗的尾巴，甚至抓狗的脸。

所以请注意，无论你觉得自己的狗狗有多乖，绝对不可以把孩子和狗狗单独留在某个房间里！你无法掌握的事情太多，避免危险永远是你的第一选择！若是家中孩子年龄比较大，也请你教导你的孩子，被狗狗追逐时，千万不要逃跑，要学习当一棵树，站稳、别摔倒，就不会让游戏行为发展成攻击行为，进而导致孩子受伤。

遇到陌生人，狗狗“惊慌失措”该怎么办

城市里的狗，除了排便的问题，吠叫问题也很扰民。但是你有没有想过为什么狗狗要叫？大多数狗叫是因为害怕或者为了躲避入侵者。

如果你的狗过于敏感，你可以对它进行训练。例如，每次快递员经过你家时，狗都会竖起耳朵，认真地听，一直叫，直到快递员走。以后可以这样做，每当快递员经过的时候，狗竖起耳朵时，把美味的零食扔给它。当快递员离开时，让狗狗停止进食，并把所有没有吃完的零食收起来。或者，如果你听到它在叫，撒上一把零食，让它忙着吃零食，而将快递员忽略。 使用这种方法，狗狗不会想要吠叫，而是期待有人经过或来访。

出门安全随行

牵引绳的使用

牵引绳的正确使用是训练狗狗的关键。

1. 首先把项圈戴在狗狗脖子上，可以选择一种舒适的高尼龙质地、松紧程度可以插入一根手指的项圈，使狗狗很快适应脖子上的新东西。然后在项圈上面系一根牵引绳。

2. 把狗从家里带到更开阔的地方，放松牵引绳。等狗走约两米远再让狗狗过来，不要用强制的方法命令它，可以叫狗的名字、拍腿示意等。放松牵引绳，如果这个时候狗仍不愿意移动位置，你可以轻轻地拉牵引绳，鼓励并给它一个小零食吸引它，直到它来到你面前。

3. 把套索牢牢地握在右手，保持牵引绳有一定的松弛度。牵引绳应该从狗的项圈处稍微往下拉一点，这样狗可以放松一些。主人要时刻注意狗的姿势是否正确，是否有拉绳现象。否则，无法达到训练的目的。训练中常见的错误之一是牵引绳拉得太紧，狗为了保持正确的姿势几乎无法放松。这通常会对狗的脖子造成压力，到纠正这种行为的时候，拉牵引绳就没有意义了。

4. 拉起牵引绳引导狗慢慢向前走，此时牵引绳仍处于放松状态，狗可以跟上你的速度，慢慢向前走。如果狗的表现不错，可以中途再给予适当奖励。训练时间控制在 10 分钟以内，可以连续几天，每天重复两次。

5. 可以拉着狗狗在一条路上来回走。

路遇其他狗狗

对大多数狗来说，出门遛是一天中最兴奋的时刻。不仅能和你散步，还可以在路上遇到各种其他动物和不同的人，也许友善的狗的最大乐趣是见到其他狗。

● 影响狗的反应的因素

狗一般喜欢相互交流。狗一起跑就像孩子们一起在公园里玩耍。但是你的狗在路上遇到其他狗时的表现取决于几个因素。第一个要考虑的因素是它的个性。如果狗是友好的、顺从的，并且能够从很小的时候就把自己置身于与其他狗狗相处的快乐和安全的环境中，那么这次相遇所处的环境就取决于狗狗和主人的表现。第二个因素是是否有约束，如果任何一方被牵引绳拴住，不安或好斗的狗更有可能变得过度活跃或好斗。这可能是由于它们无法与对方沟通而产生的挫折感，因为牵引绳的限制，狗显示出冷漠、威胁或侵略性。

● 户外邂逅

如果你的狗有机会和另一只狗在野外自由奔跑，它会先摆出各种动作。如果双方之间的互动非常活跃，它们会摇尾巴、摇屁股，相互闻对方，或弯腰邀请对方一起奔跑和玩耍。但是如果你遇到一只“奇怪”的狗，它不想跟你的狗狗互动，与你的狗保持距离，也没有邀请你的狗去闻它，在这种情况下，你最好带着狗狗离开。

● 结交朋友

你的狗可能会一次又一次地遇到同一只狗狗，尤其是当它们在同一时间和地点散步的时候。一旦它认识了其他的狗，只要有机会它就想和它们一起跑、一起玩。它们喜欢比赛，就像孩子们喜欢在操场上互相追逐一样。你可以用口哨发出游戏结束的信号，当它回到你身边时用食物奖励它，这样你就可以决定什么时候继续你的散步，而不用等它回来。

路遇行人

遛狗时会遇到一些人，可能是陌生人，也可能是熟悉的人。如果你的狗系着牵引绳，它的行为将完全在你的控制之下。但如果不系牵引绳，它的行为将取决于它的个性以及它对接近的陌生人的反应。

● 开朗的个性

和人一起散步对好“交际”的狗来说已经足够有趣了，它们中的大多数认为陌生人是友好的。和其他动物一样，影响狗对陌生人行为的主要因素之一是它的个性。

● 陌生人的态度

另一个重要的因素是所遇到的陌生人对它的态度。如果陌生人也带了一只狗，而且主人和狗都很友好，互动就会变得活跃。如果你的狗被忽视了，它会认为遇到陌生人是不好的，通常会跟着你继续走。如果陌生人对你的狗很友好，并向它打招呼，它可能会停下来，与陌生人进行某种形式的互动。但如果对方似乎害怕狗，你需要立即叫回狗狗，以防任何不适或冲突。

● 犬种的影响

人们如何对待你的狗几乎完全取决于他们是否喜欢它。然而，一些品种的狗更有可能激发陌生人与它们互动的想法，如果是体型较小的犬种，大多数孩子会想要接触它们。如果你的狗是一个小型或中型体型的品种，将更有可能与人们进行互动。与生活节奏缓慢的金毛犬相比，大型罗威纳犬更容易让人们产生防备心。

第4章
狗狗的日常清洁和美容

基础护理工具

清洁洗剂功用大不同

● 必备的清洁洗剂

①干洗粉

在使用干洗粉的时候，将粉末倒出直接抹在狗狗的毛发上，并梳理均匀。使用干洗粉可将狗狗身上的油脂和异味清除干净。干洗粉适合年龄较小的幼年犬和不宜用水洗澡的狗狗使用。

②沐浴露

宠物专用沐浴露是给狗狗洗澡的一种沐浴露，香味浓烈。使用时，要将狗狗毛发打湿，把适量的沐浴露均匀涂抹在狗狗身上，反复揉搓 5 分钟左右，将毛发理顺，用清水清洗干净即可。

沐浴露可对狗狗的毛发进行深层清理和护理，并有极好的滋润效果，可恢复狗狗毛发的光泽，同时具有除臭，预防螨虫、跳蚤的作用。但是，最好不要给处于孕期的狗狗使用，防止狗狗舔自己的毛发，对胎儿产生不好的影响。

③普通洗毛液

常用的普通洗毛液有多种功用，可根据狗狗毛发的具体情况进行选择。例如对毛发细软的狗狗可以选用中性洗毛液，而对毛发粗糙、干燥的狗狗可以选用油性洗毛液。

在使用洗毛液为狗狗洗澡时，先用水把狗狗全身打湿，抹上洗毛液，充分揉搓至产生泡沫，最后用清水冲洗干净。尽可能保护好狗狗的耳朵和眼睛，以免进水。

问题狗狗的专用洗剂

①除蚤专用洗剂

除蚤专用洗剂一般用于长跳蚤、出现瘙痒症状的狗狗，可有效地清除跳蚤。

②真菌、细菌专用洗剂

真菌、细菌专用洗剂可帮助皮肤感染的狗狗恢复健康。一般情况下，狗狗会由于真菌或细菌，导致皮肤感染，主人应该多加预防。

③脂溢性皮炎专用洗剂

脂溢性皮炎专用洗剂，具有较强的软化角质和抗菌的作用，在狗狗出现非营养性角质异常和油脂分泌的时候可以使用。

④深层脓皮症专用洗剂

深层脓皮症专用洗剂具有杀菌止痒的作用，可以用于毛囊虫症的辅助治疗，长期使用可以治愈患有深层脓皮症的狗狗。

⑤浅层脓皮症专用洗剂

浅层脓皮症专用洗剂可用于皮肤敏感的狗狗的日常清洁，帮助狗狗缓解病情。

洗澡工具全，狗狗洗澡不麻烦

浴盆和防滑垫

给狗狗洗澡可准备一个适当大小的浴盆，高度约为狗狗身高的一半，盆口大小要略大于狗狗。最好可以完全容纳狗狗又不影响主人的动作。浴盆的底部可以放置防滑垫，避免狗狗滑倒。

棉签

棉签也是狗狗洗澡时的必备工具。因为在洗澡过程中，可能有少量的水进入狗狗的耳道。在洗澡后要用棉签清理狗狗耳道。

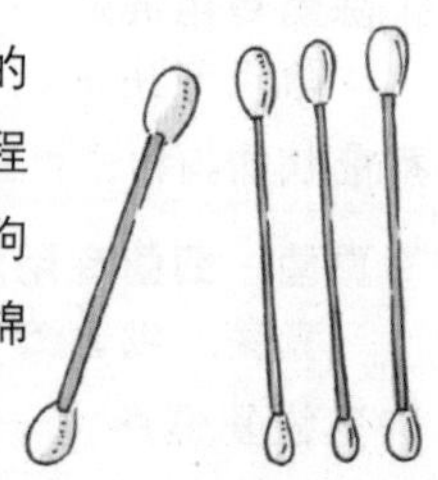

浴巾

给狗狗洗澡要事先准备好一条专用的浴巾，在洗完澡后主人可以迅速用浴巾包裹住狗狗，将多余的水分擦干，避免狗狗感冒。

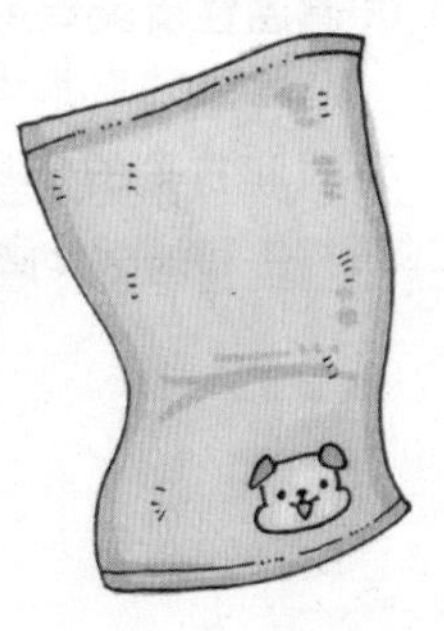

冲洗泡沫的大水杯

准备一个大容量的水杯或其他盛具，在给狗狗洗澡时，使用沐浴露之后要及时用大水杯盛水或用喷头将狗狗冲洗干净，以免狗狗将泡沫弄得到处都是。

吹风机

在给狗狗洗完澡以后，用浴巾将多余的水分擦干，然后及时用吹风机将狗狗的毛发吹干，这样就可以在一定程度上避免狗狗感冒。

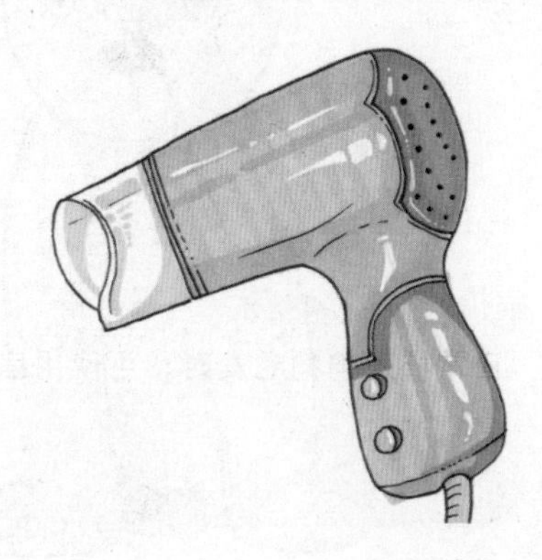

选对梳毛工具，解除毛发烦恼

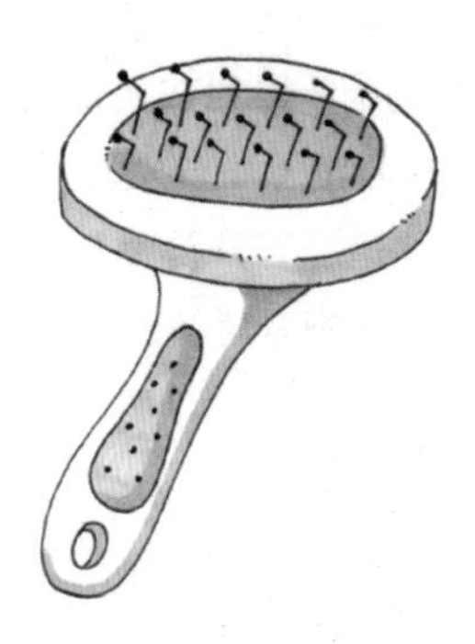

● 针梳

针梳，当狗狗身上的毛发严重打结或粘有较多脏东西时，可用针梳清理。

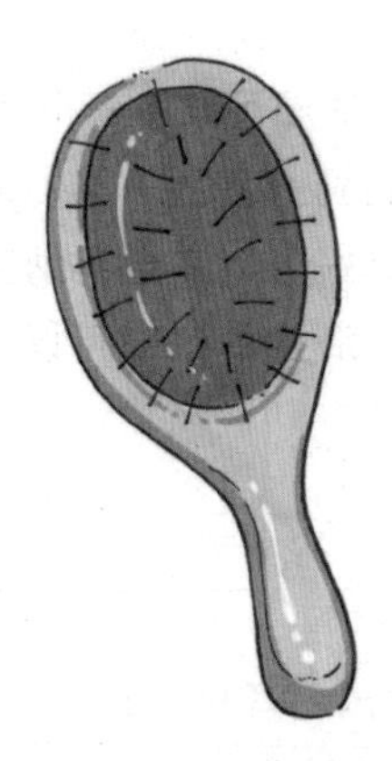

● 柄梳

柄梳，多用于长毛犬，因为长毛犬的毛发多会出现打结的情况，使用柄梳可以很好地将其毛发理顺。

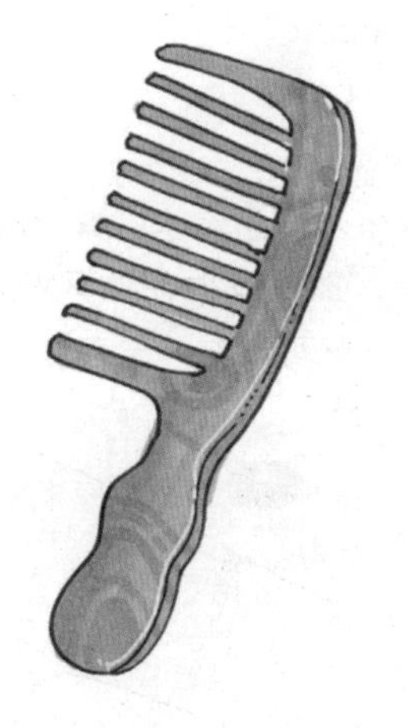

● 扁梳

日常梳理狗狗毛发时，可使用扁梳。

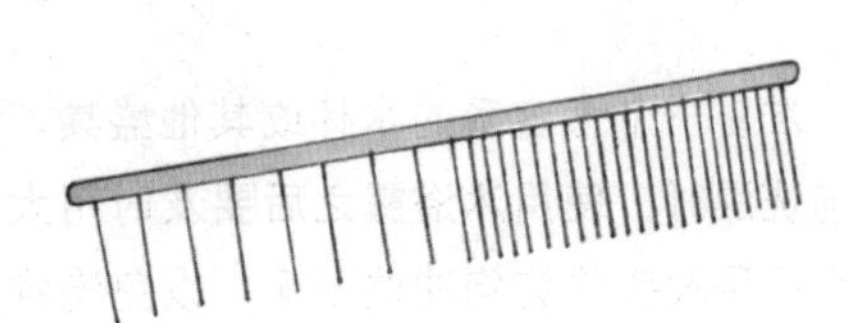

● 排梳

排梳，与前两种梳子相比，排梳会让狗狗感到非常舒适。这种梳子的梳齿有宽有窄，价格相对前两种较高。

耳部也有专用清洁剂

洁耳液

洁耳液一般在狗狗洗完澡之后使用，可以有效避免狗狗因耳道进水滋生耳螨。在给狗狗清理耳朵时，可将洁耳液滴入狗狗耳朵中。

耳粉

耳粉是给狗狗拔耳毛时必须准备的物品之一。在拔耳毛时把耳粉撒入狗狗耳朵中，使狗狗的耳毛根根分开，可以轻易地用夹子夹住再拔出。耳粉还起到镇痛的作用，可减轻拔耳毛时狗狗的疼痛感，是清洁狗狗耳部的必需品。

狗狗专用的洁牙工具须知道

● 狗狗专用牙刷

狗狗专用牙刷有别于传统的手柄牙刷，主人可以将牙刷套在手指上，很好地控制刷牙力度，帮助狗狗保持口腔清洁。

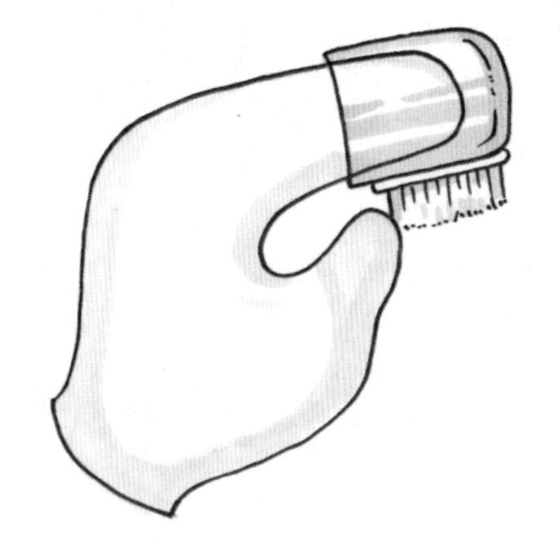

● 狗狗专用牙膏

狗狗专用牙膏能很好地清洁狗狗牙齿。另外，牙膏内含有丰富的酶，清洁力度强，同时是可食用的。

● 洁牙玩具，帮助狗狗清洁牙齿的好帮手

当主人腾不出时间帮助狗狗清洁牙齿时，可以选择洁牙玩具，以防止狗狗出现口臭、口腔异味和口腔病变。

①毛绒发声玩具

毛绒发声玩具，一般适合小型犬使用。毛绒发声玩具内部含有小气囊，按压后会发出声响，深得狗狗喜爱。它不仅可以帮助狗狗清洁牙齿，还能激发狗狗的好奇心，提高狗狗的行动能力。

②丝瓜络玩具

丝瓜络玩具无毒无害，其造型多种多样，可以让狗狗在玩耍的同时清洁牙齿，有效促进牙齿健康。

③毛绒公仔系列洁牙玩具

毛绒公仔系列洁牙玩具，其质地柔软、韧性好，造型丰富，口感不同，可以根据狗狗的爱好进行选择，帮助狗狗清洁牙齿。

④狗咬胶

狗咬胶是宠物零食的一种，最大的特点是韧性极好、耐咬。即使狗狗的牙齿极为锋利，也可以玩上很久。狗咬胶有很多不同的造型，可以帮狗狗按摩口腔和清洁牙齿。同时狗咬胶一般由牛皮、淀粉类材料制成，对狗狗来说是安全的。

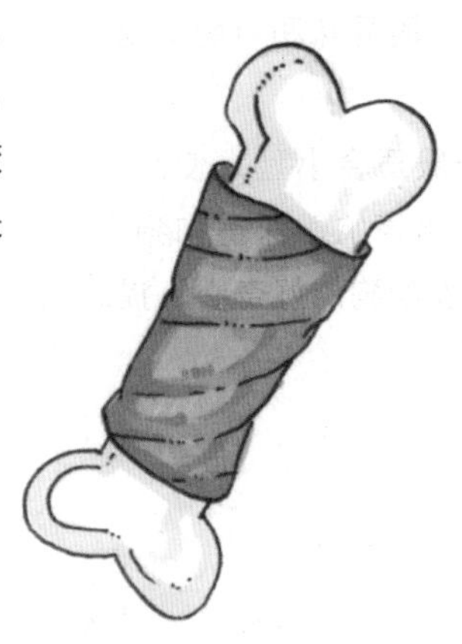

⑤狗咬绳或狗狗磨牙绳系列

狗咬绳有非常多样的造型，并且不易被狗咬坏。它一般用棉绳制成，无毒无害，对狗狗的身体几乎没有不良的影响。在清洁牙齿的同时还能给狗狗解闷。

修修剪剪小工具

剪毛工具

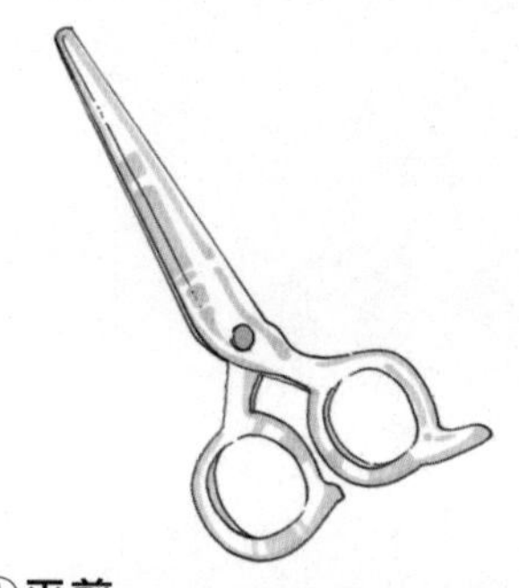

①平剪

平剪作为剪刀中较为普遍的一种，适用于所有狗狗。

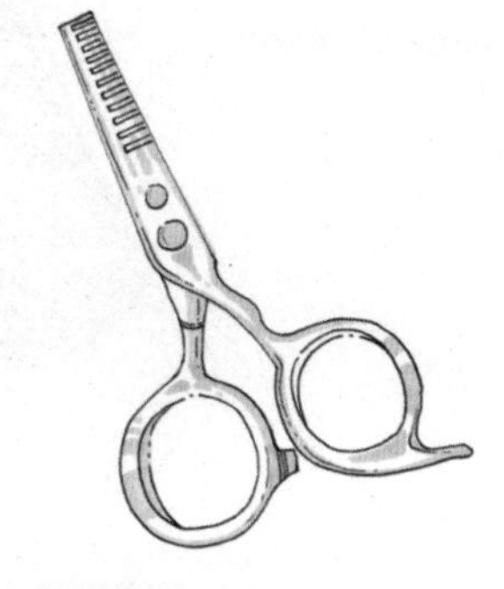

②层次剪

层次剪一般用于将平剪难以修剪的毛发修剪得更自然。

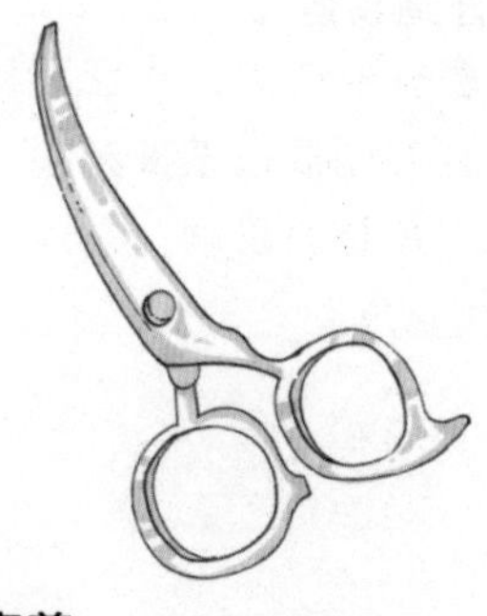

③弯剪

弯剪刃口具有一定的弧度，可用于各种剪法。弯剪多用于修剪狗狗的脚掌和有弧度的部位的毛发。

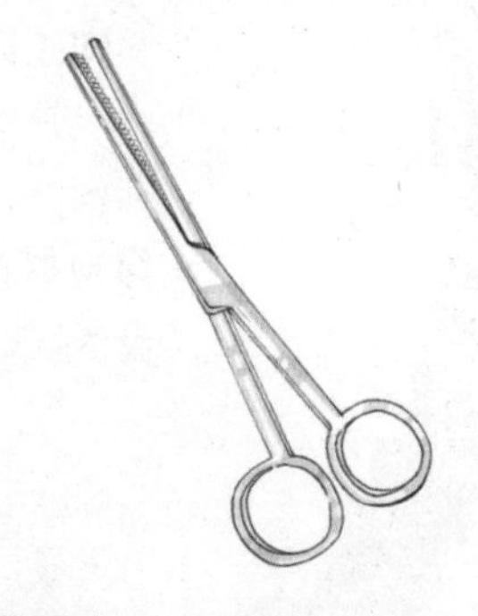

④拔毛夹

拔毛夹用于拔除狗狗身上的细毛，其形状似剪刀，内侧呈锯齿状。和医院使用的止血钳非常相似。

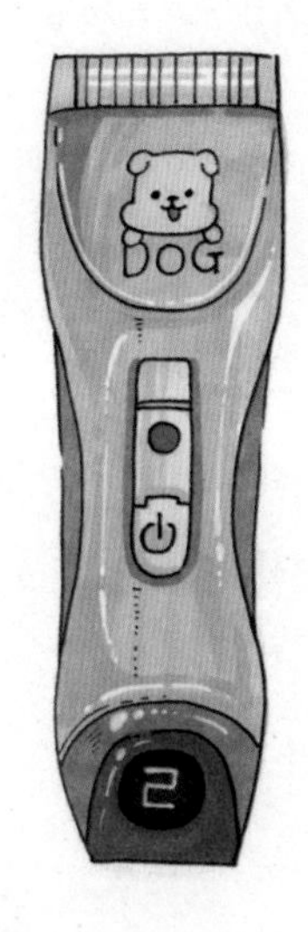

⑤电剪

电剪俗称“电推子”，主人要自己给狗狗剪毛的话可以选用电剪，但一定要用狗狗专用的电剪。

● 剪趾甲专用工具

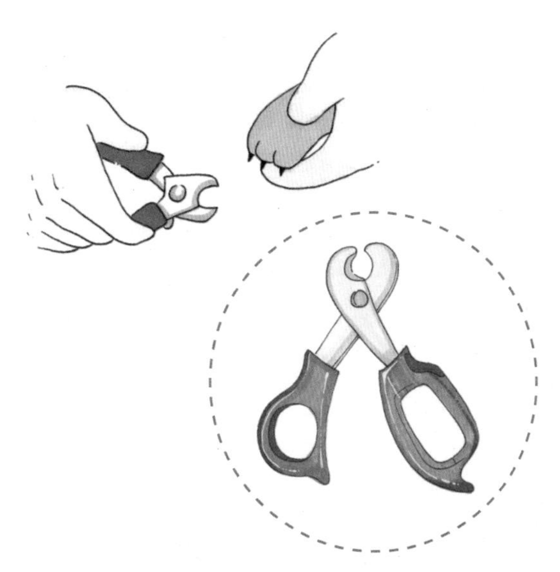

①平口剪

平口剪与老虎钳相似。刀口位置是不锈钢材质的，用于修剪狗狗趾甲。注意修剪时只剪去适当长度的趾甲，不可过长，以免对狗狗造成伤害。

②握剪

握剪在顶端位置有半圆凹槽，将需要修剪的趾甲部分放进凹槽中，剪掉即可。握剪堪称给狗狗修剪趾甲的“神器”。

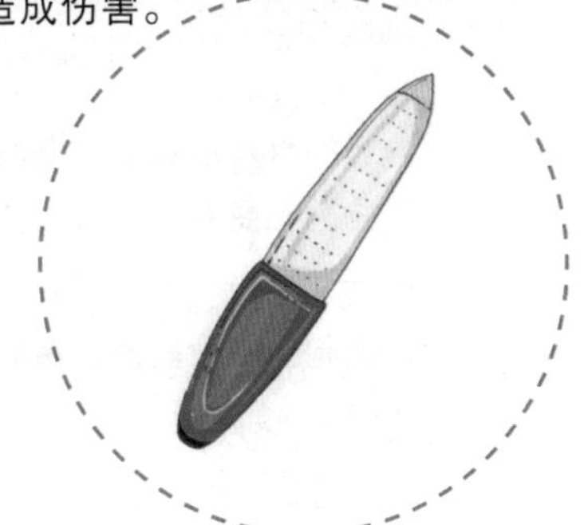

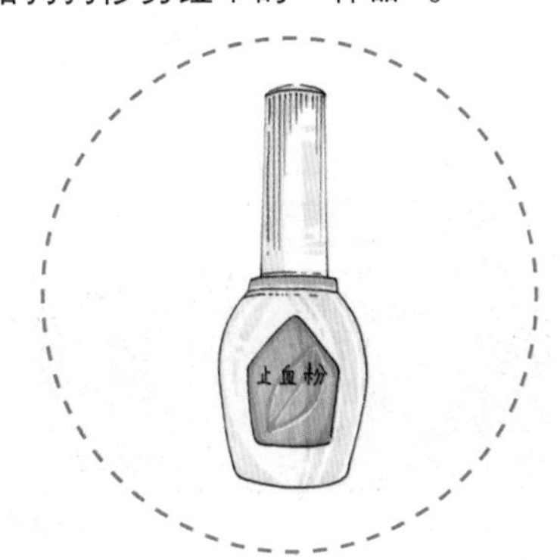

③锉刀

锉刀可在给狗狗修剪完趾甲后把趾甲打磨圆润，避免边缘的尖锐部分抓伤主人。锉刀是给狗狗修剪趾甲的必备工具之一。

④止血粉

止血粉一般适用于狗狗的趾甲位置的伤口，是新手初次给狗狗修剪趾甲的必备工具之一。

清洁护理

爱上洗澡

● **找对方法，让狗狗爱上洗澡**

准备水深5~10厘米的浴盆，在盆中放入防滑垫，避免狗狗出现打滑或站立不稳的现象。

2

将狗放入浴盆，用温水将狗狗的毛发充分打湿，并用梳子将狗狗的毛发梳理顺，让狗狗感到舒适，喜欢上洗澡。

3

准备好后，就可以开始洗澡了。用清水轻轻擦拭狗狗脸部，不可用力。

4

将沐浴露均匀地涂抹在狗狗的身上，依次在背部、臀部、腹部不断揉搓。

仔细搓洗狗狗的四肢。

将狗狗的尾巴轻轻向上拉起，搓揉狗狗的肛门部位。

7 搓揉结束后，将泡沫冲洗干净。一只手捏住狗狗的嘴巴，另一只手从头部开始向后缓慢冲洗。切记不可胡乱冲洗，以免水冲进狗狗的耳朵或其他位置。

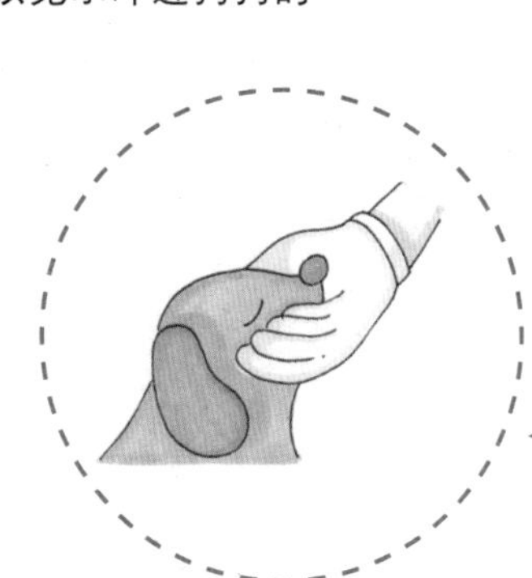

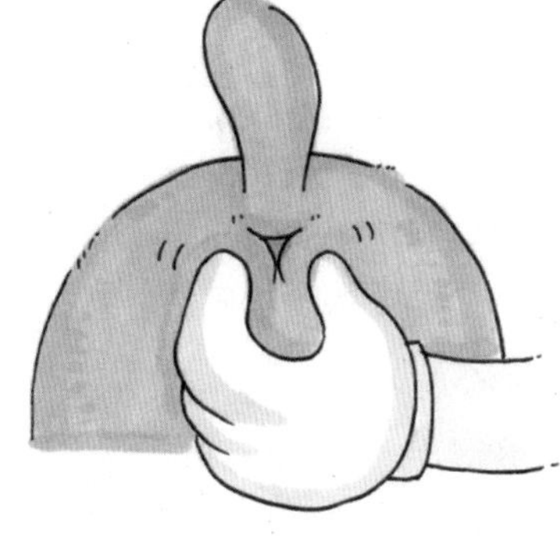

8 清洗干净狗狗身体上的泡沫后，如需要清理肛门腺，则戴上一次性手套，用拇指和食指按住肛门腺两侧（肛门周围有囊包的位置）向上轻轻挤压，将里面的液体和脏东西全部挤出来，最后仔细清洗干净。

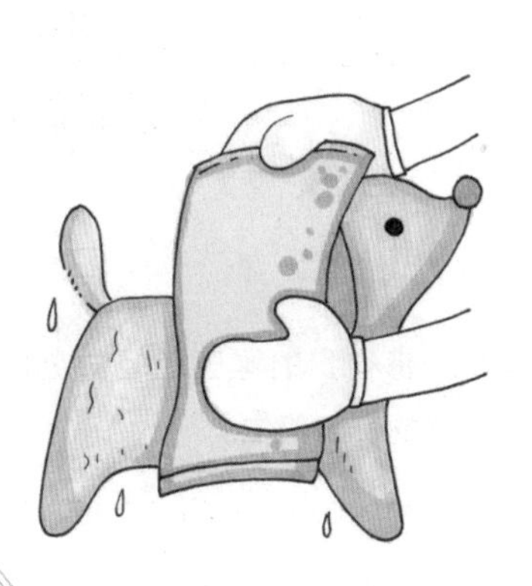

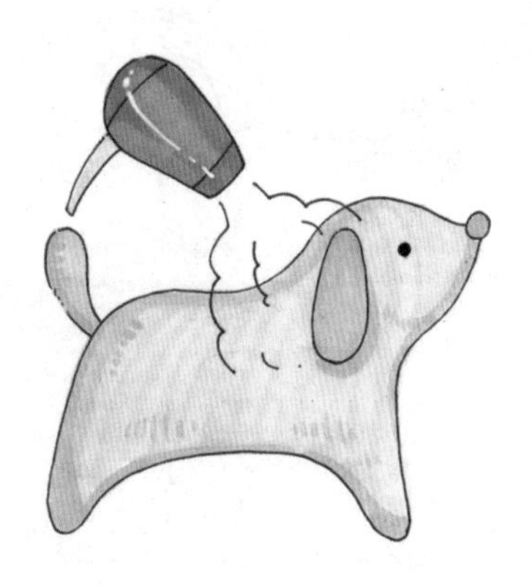

9 用事先准备好的浴巾将狗狗身上多余的水分擦干，也可以顺手清理狗狗耳朵。再用吹风机把狗狗的毛发吹干，防止感冒。

● 掌握正确的吹毛发方法

1 洗完澡后，将狗狗放在干净的地方，准备用吹风机帮狗狗吹干毛发。

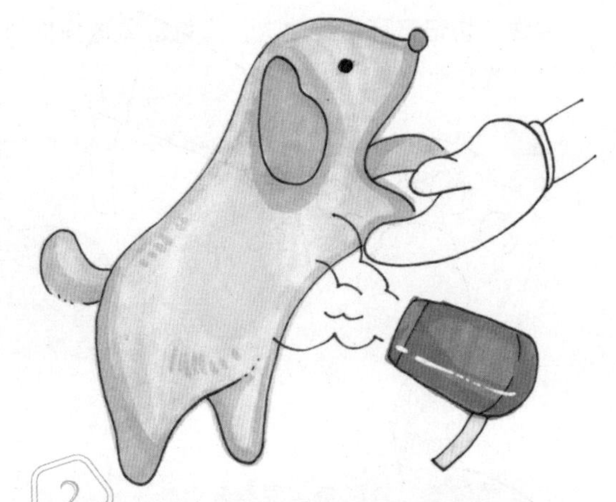

2 一只手将狗狗的前腿抬起，用吹风机对着狗狗的腹部逆着毛发的方向吹，由下向上吹干腹部毛发。

3 腹部毛发吹干后让狗狗坐好，继续逆向吹干背部毛发。

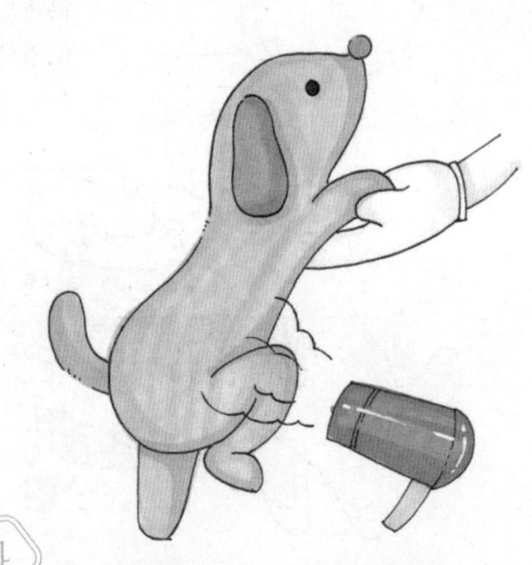

4 让狗狗站立起来，交替抬起后腿，仍然用逆向吹风的方法吹干腿部毛发。

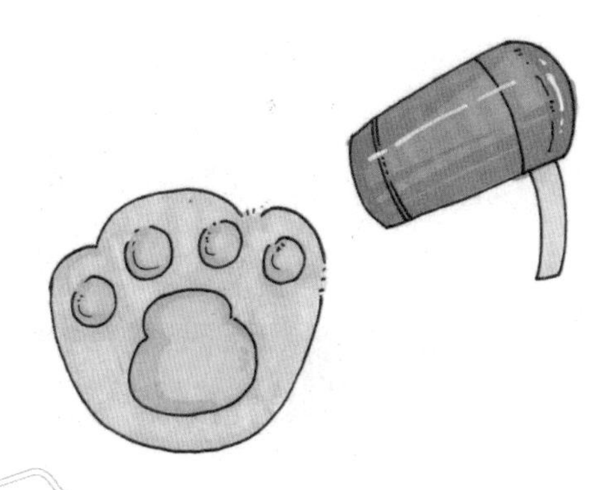

5

吹干狗狗腿部毛发之后，记得摸一下狗狗的脚掌，若感觉潮湿要及时吹干。

6

吹狗狗头部的毛发。从狗狗脖子位置开始逆向吹风。在吹狗狗耳朵的时候，要将耳朵翻过来，同时注意将吹风机的风量调小，远离狗狗耳朵，以免损害狗狗听力。

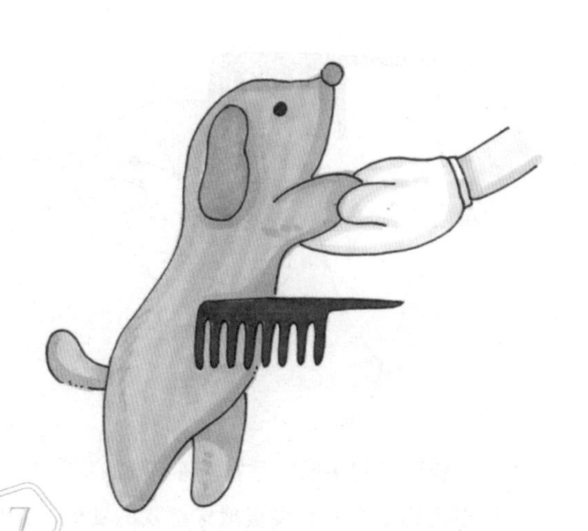

7

将狗狗毛发吹干之后，开始准备梳毛。一手将狗狗前腿抬起，用梳子梳理狗狗腹部毛发。

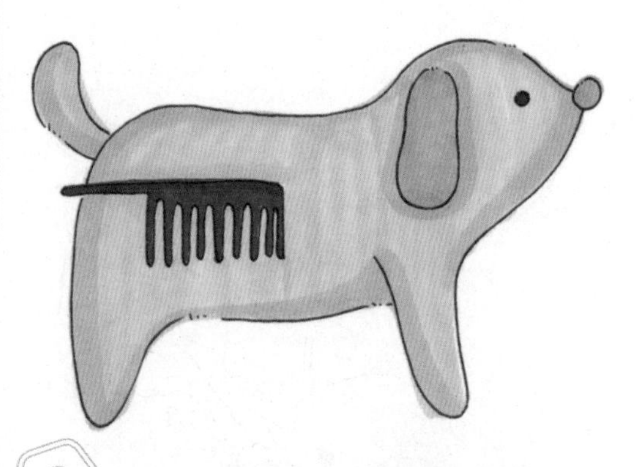

8 腹部的毛发梳理完成后，让狗狗侧身对着自己，将狗狗背部毛发理顺。

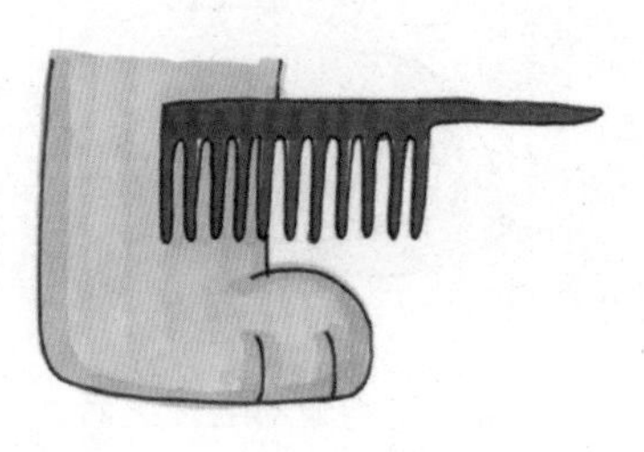

9 按照同样的方法梳理狗狗四肢的毛发。

10 梳理狗狗头部的毛发。将狗狗的头部固定，根据狗狗毛发的长度梳成你喜欢的发型，并将狗狗头部其他位置的毛发理顺。

毛发需要常修剪

修剪脸部毛发，让狗狗萌萌哒

①眼部毛发的修剪

1 用扁梳梳理狗狗眼部的毛发，特别注意眼窝位置的毛发。

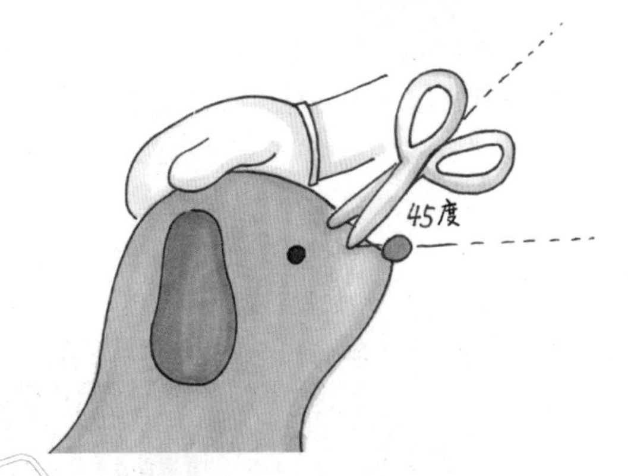

2 与狗狗面对面，一只手控制狗狗的头部，将剪刀倾斜，修剪狗狗眼部的毛发，保持剪刀与水平面呈45度，避免因意外伤到狗狗。

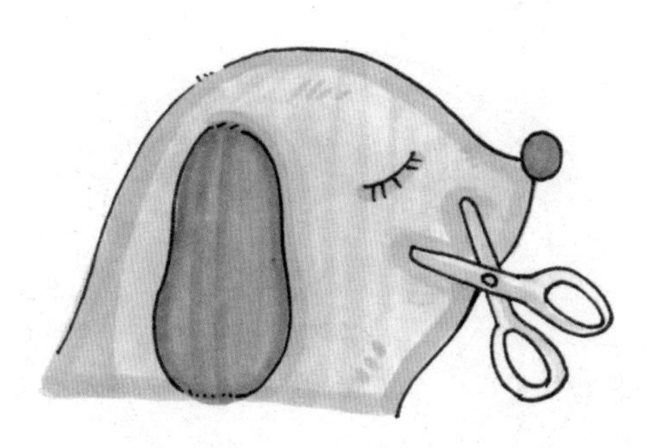

3 慢慢靠近狗狗的眼睛，在狗狗闭眼的瞬间，轻轻修剪狗狗的睫毛，避免睫毛过长刺激眼睛。

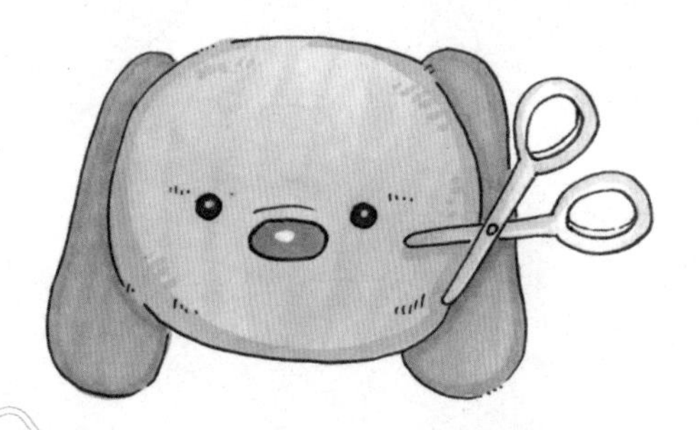

4 把狗狗额头处较长的毛发剪掉，面部其余位置的毛发可以修剪得短一些，使狗狗的头部看起来更加圆润。

②嘴部毛发的修剪

修剪狗狗嘴部的毛发时，先将其毛发梳理通顺，再用剪刀将其修剪整齐即可。

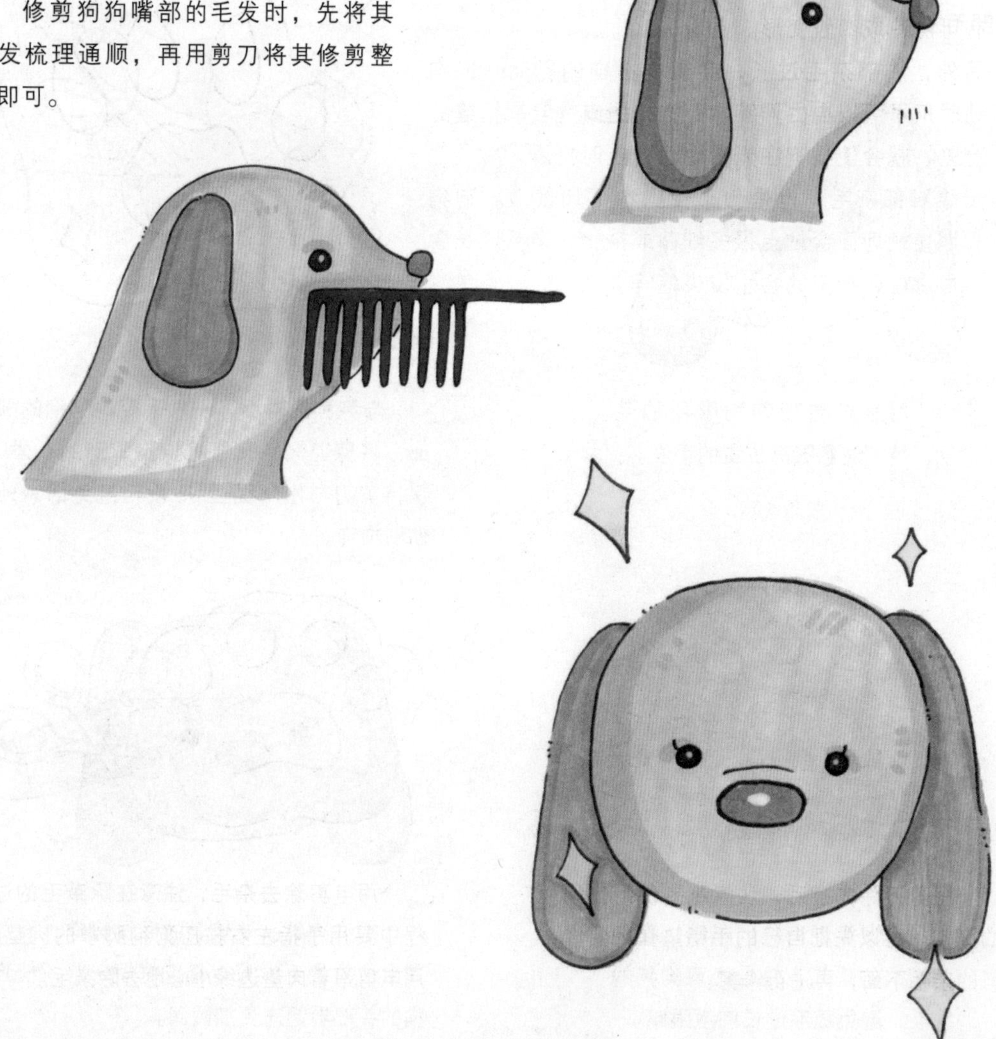

● 脚部和腿部杂毛的修剪，关乎狗狗的健康

①除去脚部杂毛的必要性

狗狗脚部的杂毛会不断地生长，若长期不进行修理，有可能造成四肢变形。

另外，脚部杂毛过长，会影响狗狗的行动。狗狗在行动时爪子可以自由伸缩，而狗狗的肉垫若被指缝的杂毛遮盖，就会使狗狗在光滑地面行走时打滑。

清除脚部杂毛，也是为了使狗狗更加健康。狗狗脚掌长期接触地面会粘上很多细菌或杂物，杂毛过长会助长细菌滋生，严重的会引发炎症等。

②除去脚部和腿部杂毛的步骤

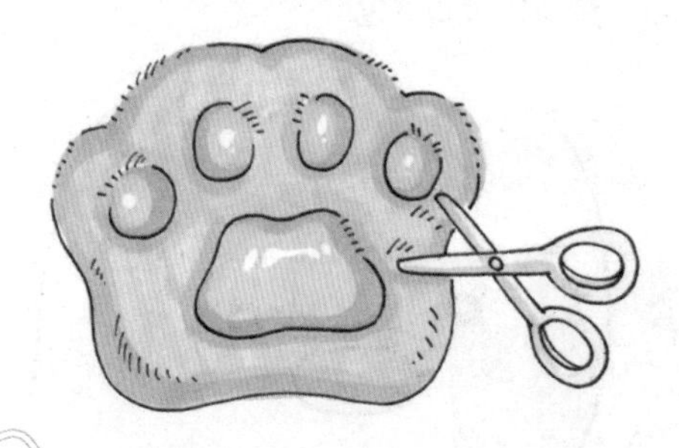

1 用剪刀除去杂毛，注意不要伤到狗狗的脚掌。可以先把自己的手指垫在需要修剪的杂毛下面，再进行修剪。

2 用电剪除去杂毛，注意在除杂毛的过程中要用手指左右按压狗狗脚掌的肉垫。用电剪沿着肉垫边缘小心地去除杂毛。

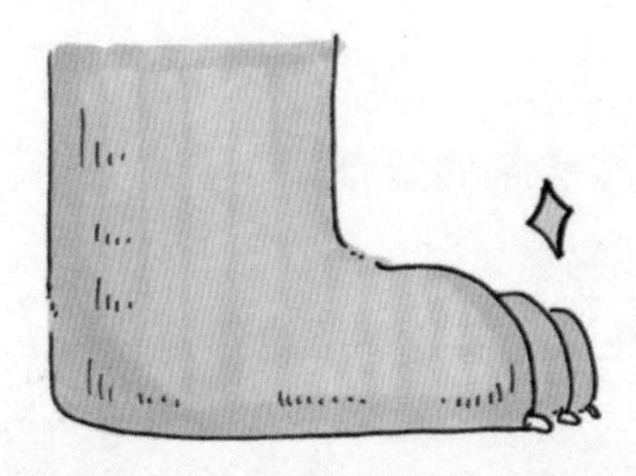

3

脚尖部分的杂毛的长度能遮盖趾甲即可，或用剪刀把杂毛修剪自然，并且修剪至狗狗走路时毛发正好接触地面即可。

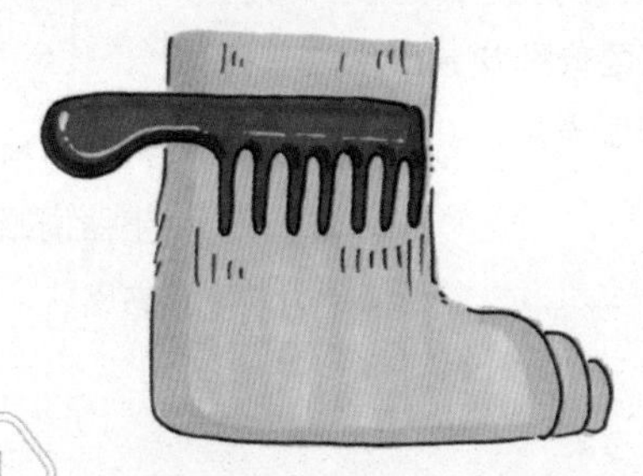

4

先将前腿的毛发理顺，再用剪刀按照腿部的轮廓适当地修剪杂毛，不可修剪得过长或过短，以免影响美观。

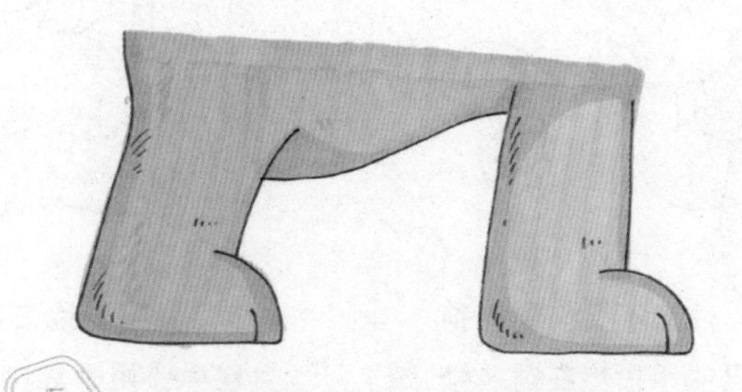

5

根据前腿的毛发来修剪后腿杂毛，前后协调即可，避免影响狗狗整体美观。

● 剃除生殖器周围的毛发需谨慎

①剃除公狗狗生殖器周围的毛发

1

把狗狗放在合适的位置，在狗狗后腿侧方，用手轻轻向上提起狗狗的一只后腿。

2

待狗狗准备好后，用电剪剃除狗狗生殖器周围的毛发。注意刀头要贴近狗狗的皮肤，动作迅速且温柔。

3

在剃除毛发的过程中，要时常确认是否达到标准，是否需要继续剃短，以免对狗狗的生殖器造成不必要的伤害。

4 剥除狗狗腹部上方的毛发。主人面向狗狗，一只手抬起狗狗的一只前腿，用电剪从生殖器前方开始向上推。

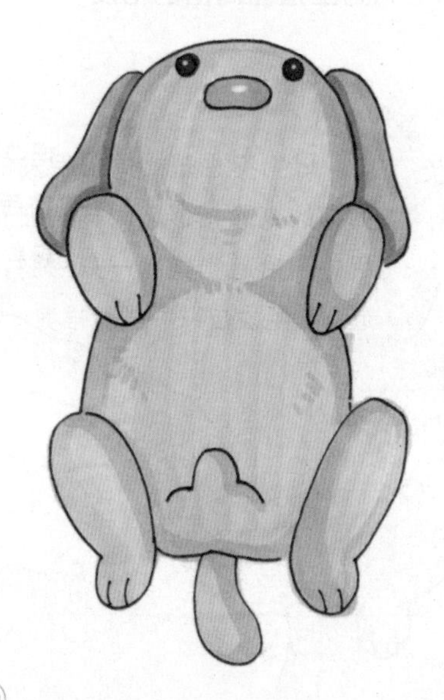

5 在剃除狗狗腹部上方两侧的毛发时，要从狗狗的侧面紧贴狗狗毛发进行。

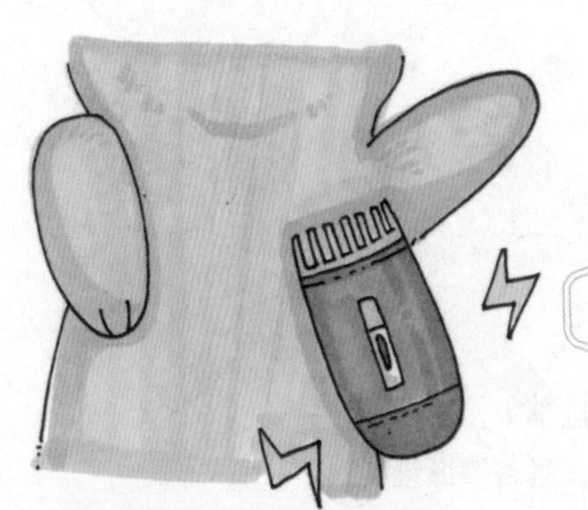

6 修剪完成后，狗狗腹部的毛发会呈现倒置的“V”或“U”的形状。

②剃除母狗狗生殖器周围的毛发

1

母狗狗生殖器周围毛发的剃除与公狗狗的剃除相似。同样站在狗狗身体侧后方，抬起狗狗的一只后腿，使刀头贴近狗狗毛发皮肤并进行推剪。

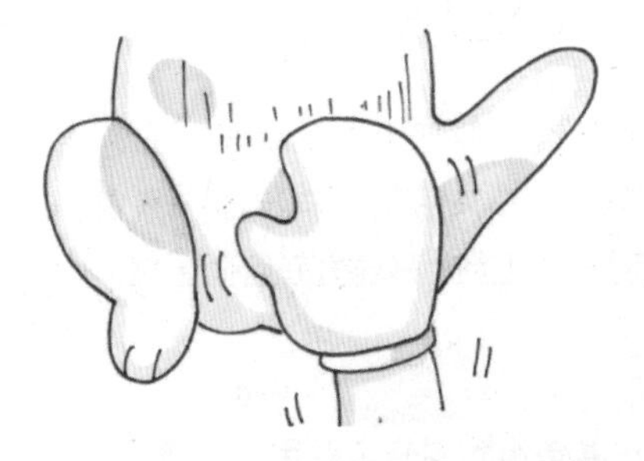

2

在剃除狗狗生殖器周围的毛发时，事先将其毛发拨弄松散。

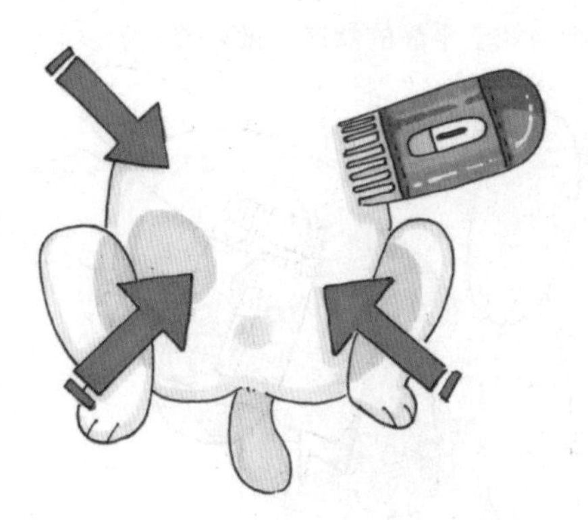

3

由外向内进行剃除。在剃除过程中要注意，轻轻掠过生殖器表面的毛发就可以，不用剃得过于干净，以免狗狗受到伤害。

小趾甲，大问题

修剪趾甲，同时关乎狗狗和主人的安全

现在大部分的狗狗许多时间都在室内活动，在户外的时间十分有限。由于狗狗通常不能在屋内磨爪子，因此每隔一段时间就需要给狗狗剪趾甲，以免狗狗因趾甲过长而导致脚掌不能着地。

狗狗会习惯性地到处乱抓，狗狗的趾甲过长不仅会破坏家具，在与主人玩耍的时候还可能使主人受到伤害。为了保护狗狗和自己，要及时修剪狗狗的趾甲。

找对方法，让狗狗不再抗拒修剪趾甲

1

在准备给狗狗修剪趾甲时，事先让狗狗处于平静的状态，做好修剪趾甲的准备。

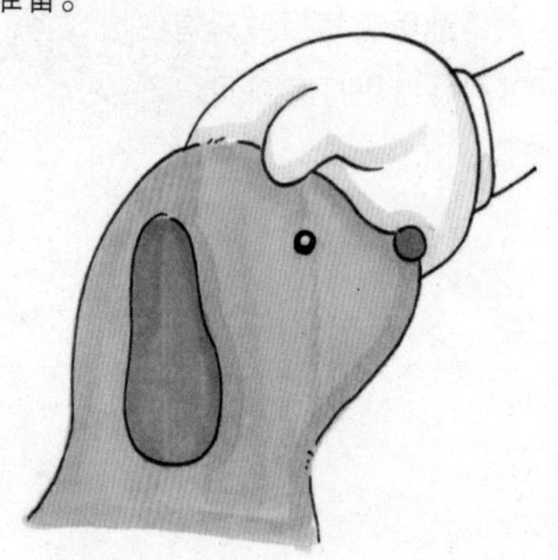

2

主人从背后抱住狗狗，主人要和狗狗面向同一个方向，双手环抱并控制住狗狗的四肢。

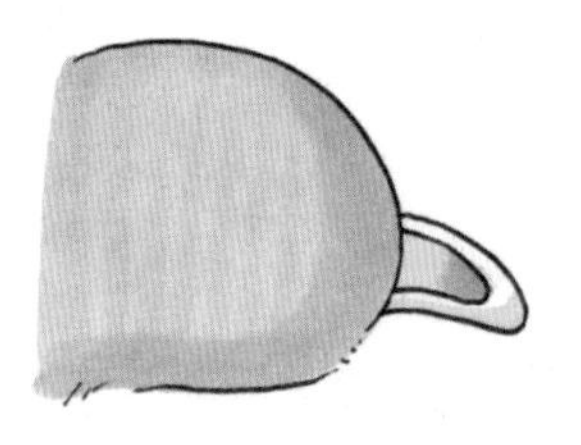

3

在给狗狗修剪趾甲时首先要确认狗狗趾甲的血线，即趾甲暗红的部分。

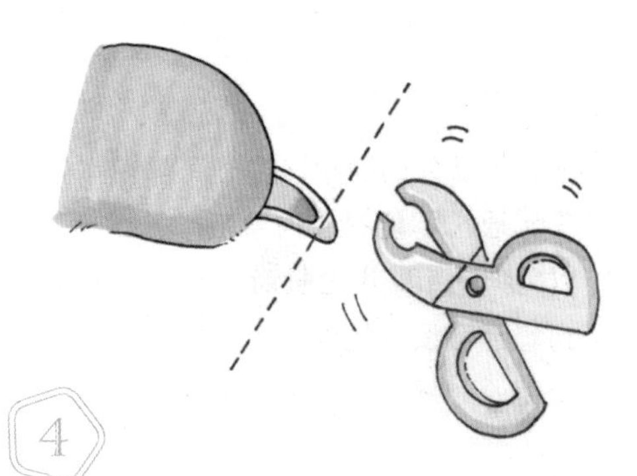

4

主人要估算出修剪的位置，不可剪到血线，不然会造成狗狗流血。

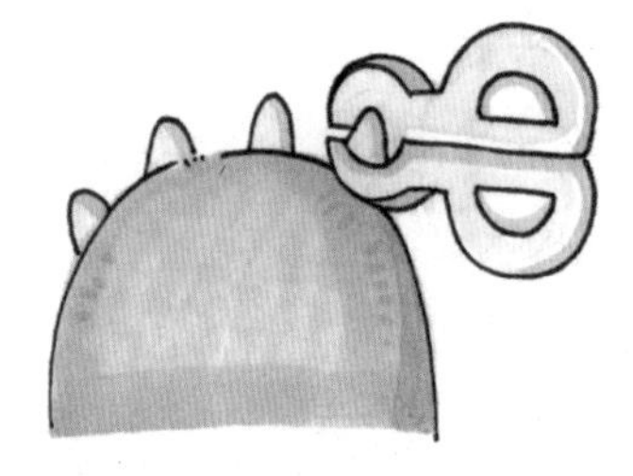

5

由于狗狗的趾甲很硬，主人在确定好位置后要果断地剪下，不可犹豫，以免狗狗突然抽动双腿，导致达不到理想的修剪效果或者伤到狗狗。

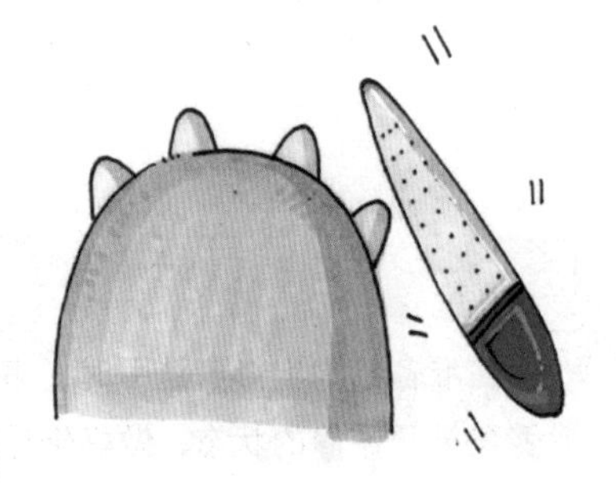

6

趾甲剪短后并没有完成任务，需要用锉刀将趾甲打磨圆润。

7

若不慎剪到血线，要立刻用止血粉覆盖伤口进行止血。

口腔护理关乎健康

● 清洁口腔，保持口气清新和牙齿健康

①牙齿出现疾病的 3 个阶段

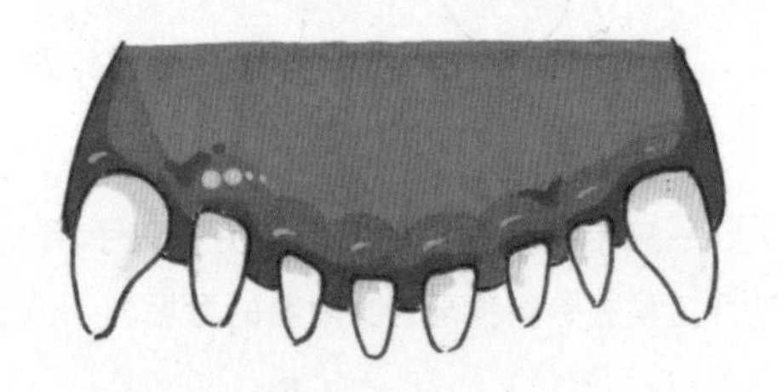

阶段①：牙龈红肿、牙龈发炎。

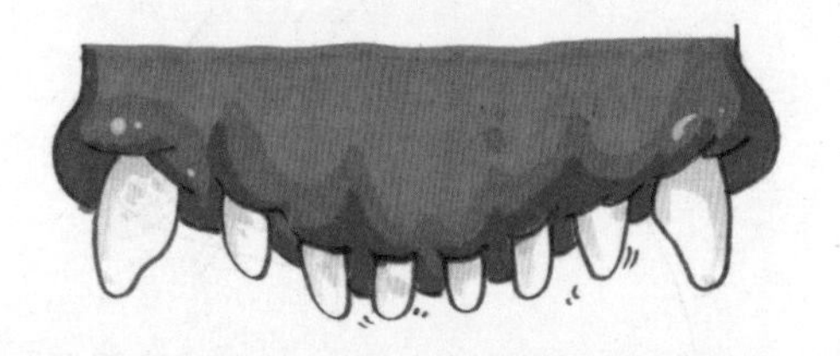

阶段②：牙龈组织受到损伤，牙龈发炎严重，并伴有红肿流脓的症状。牙齿出现松动，且伴有口臭。

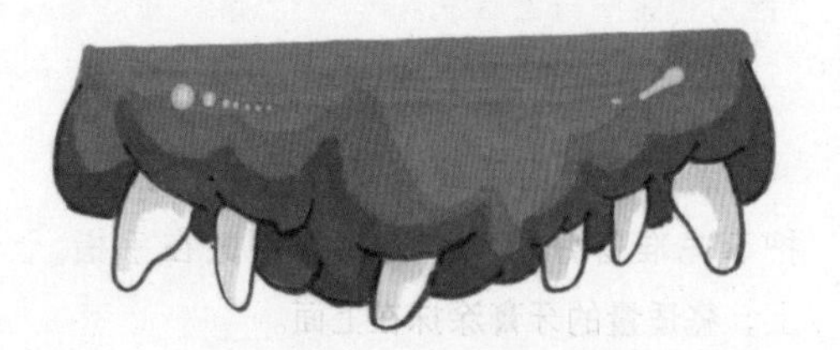

阶段③：牙龈组织受到严重损伤，牙龈红肿更为严重。牙齿有脱落的现象，口臭严重。

②口腔清洁的方法和步骤

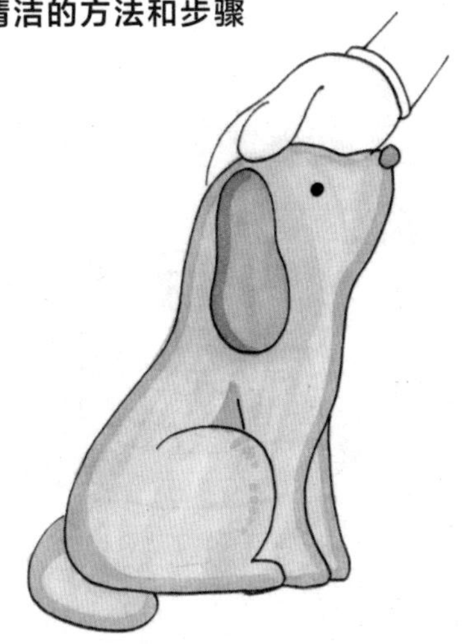

1

让狗狗处于放松状态，可以两个人配合，这样可以更好地控制狗狗的身体。

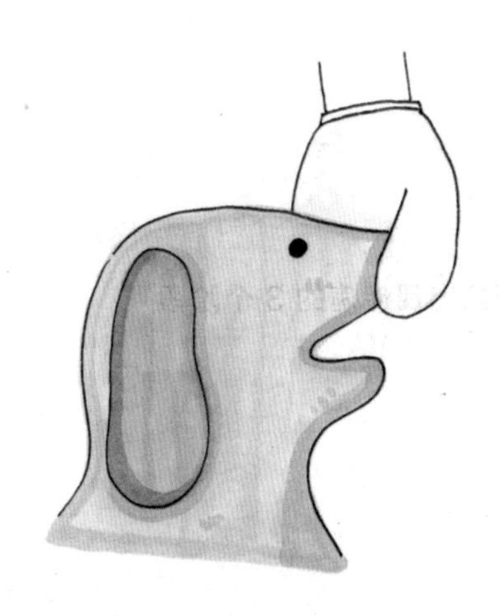

2

一只手掰开狗狗的嘴巴，另一只手用洁牙工具去除狗狗牙齿上附着的污垢。

3

事先准备好纱布，在清理过程中，用纱布及时擦拭污垢，避免狗狗舔舐。在清除污垢时要让狗狗尽可能地张大嘴巴，以便看到狗狗牙齿的整体情况，然后由下向上地清除污垢。

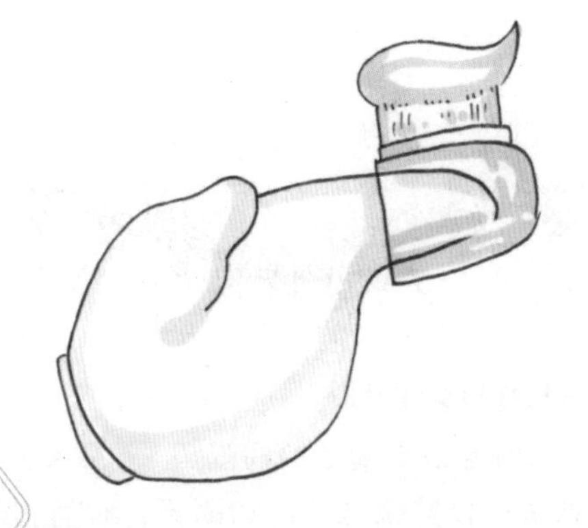

4

清除完污垢后就可以给狗狗刷牙了。把事先准备好的狗狗专用牙刷戴在手指上，将适量的牙膏涂抹在上面。

5

上下移动牙刷，清洁狗狗的牙齿，把之前难以清除的污垢仔细清除干净。

6

确认清除干净就可以啦！（因为狗狗专用的牙膏是可以食用的，所以无须漱口。）

● 保持口腔健康必须要注意的事情

使狗狗保持口腔健康极为重要，这直接关系着狗狗的身体健康。具体要注意以下几点。

要注意及时清洁。间隔 7 ~ 10 天就要对狗狗进行口腔清洁，比如刷牙，也可以用生理盐水给狗狗擦拭牙齿，清理牙齿表面的食物残渣。另外，平时也可给狗狗准备一些洁牙玩具。

饮食方面，给狗狗的食物不可以总是容易黏牙的软质食物，也尽量不要给狗狗喂食人类吃剩的食物。

在购买狗狗的洁牙工具时，要注意其制作材料，一些有黏性成分的工具不仅不能帮助狗狗清洁牙齿，还有可能起到反作用。

如果发现狗狗的牙齿上出现结石，需要送往医院及时清除，以免牙结石愈发严重。

眼睛是心灵的窗户

时常清理，让眼睛健康明亮

①平时勤清理

鼻子短的狗狗，如八哥犬和西施犬等，眼睛比较突出，鼻泪管受压经常流泪，所以眼睛周围总有泪痕。主人要及时给狗狗清理眼泪和眼屎，用硼酸的稀释水溶液或清水清洗，帮助狗狗淡化泪痕，减缓泪腺的分泌。

②及时消炎

狗狗主人要及时关注狗狗的眼角，若没有眼屎但总是处于“泪眼”的状态，很有可能是长睫毛刺激造成的，此时就应该及时送往医院。若眼结膜发红且伴有白斑，眼屎呈透明或干褐色也应立刻送往医院治疗。

③清理睫毛

狗狗的睫毛也要常常清理。有些狗狗会出现睫毛倒长的情况。睫毛倒长容易导致结膜发炎，若发现这种情况就要及时送往医院进行治疗。

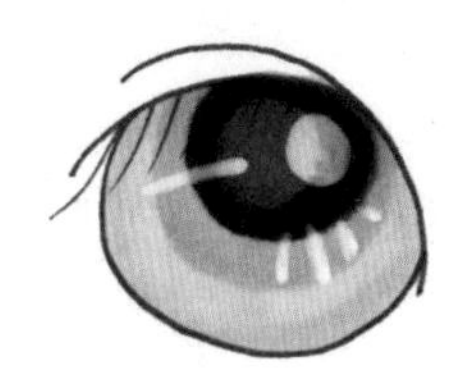

● 去除泪斑，别让狗狗“惨兮兮”

①泪斑形成的原因

大多数大眼狗狗或眼睛向外突出的狗狗特别容易受到外界环境中灰尘或毛发的刺激而导致流泪，以至于狗狗看起来经常是“泪眼”的样子，时间一长眼角就容易堆积眼屎。主人若是不及时清理就会使眼角毛发变色，形成泪斑。另外，狗狗眼睛上火、发炎等问题也会使眼屎增多。

②去除泪斑的小对策

每天给狗狗清理眼屎和泪痕可有效去除泪斑。对于难以去除的泪痕要尽可能做淡化处理。首先用棉签清理眼屎，并在眼角涂抹生理盐水，然后用棉签擦拭，经过一段时间的淡化处理后会有明显的效果。处理过程中要注意不要让狗狗的眼睛受到伤害。

耳朵的清洁不可忽视

● 不可忽视的耳内清洁

①耳朵出现问题有何症状

首先是体味变重。当狗狗的体味变重，首先可以检查狗狗肛门腺是否存在问题，若排除肛门腺，则很有可能是耳朵存在问题。狗狗的耳朵存在问题时，也可能导致体味变重。

其次是狗狗出现经常摇头现象。狗狗如果不断用爪子抓挠耳朵，往往是耳朵出现了问题，主人要引起重视。

②耳朵的清洁护理方法和步骤

1

狗狗只是有轻微耳垢的话，可以蘸取适量甘油涂抹在耳内，并用手指轻轻按揉，过一段时间后用棉签擦拭干净即可。

2

若狗狗的耳垢较硬，首先要用棉签给耳内消毒，再将洁耳液滴入狗狗耳中，等耳垢软化之后用镊子夹出。

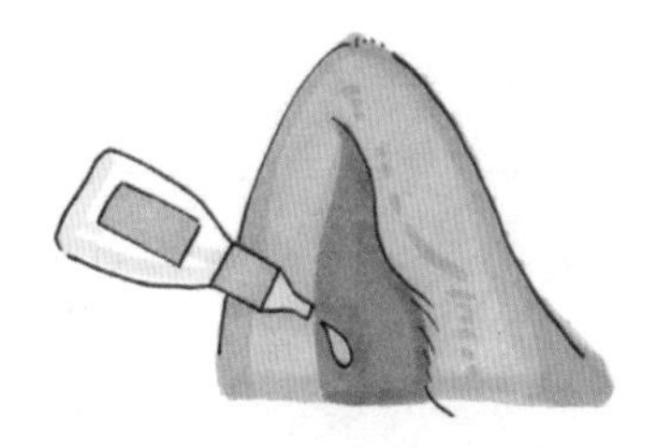

3

当狗狗耳朵发炎时，需将洁耳液滴入狗狗耳中，一日 3 次，每次 2~3 滴。滴入后可用手指轻轻按揉，促进药物的吸收。

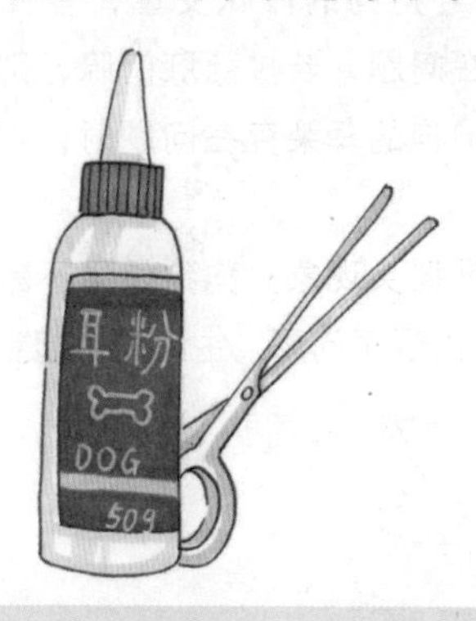

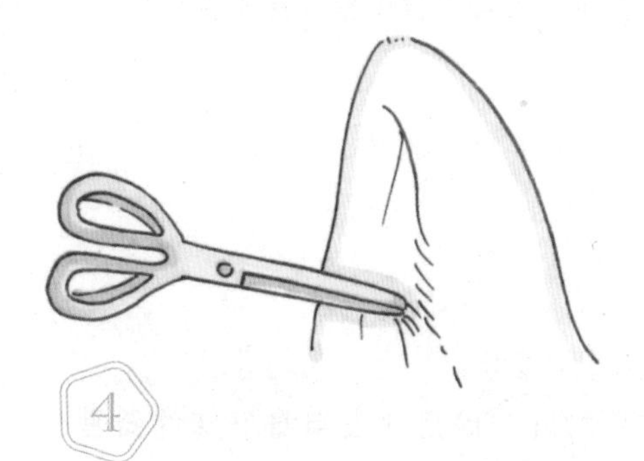

4

耳毛较长的狗狗，容易因耳垢阻塞而导致耳朵发炎，所以需要经常拔耳毛，清理耳道。拔耳毛时先撒上耳粉，再用拔毛的工具为狗狗拔耳毛，拔完后可给狗狗轻轻按摩，缓解狗狗的疼痛。

● 耳螨病的症状和治疗

当狗狗耳朵内有耳螨时，狗狗会抓挠耳朵、不停摇头，同时耳朵内会有黑褐色的液体，并伴有异味。

如果狗狗耳朵内有耳螨，要及时处理，治疗措施如下。

首先用专用的洗耳液清理耳道，然后将治疗耳朵的药水滴入耳道内，用手指轻轻按揉，使药水充分扩散。通常连续使用 20 天以上即可痊愈。

你知道狗狗的肛门腺吗

● 什么是肛门腺

狗狗的肛门腺是散发自身气味的器官，狗狗通过闻气味来辨别对方身份。每只狗狗散发的气味是不同的，我们经常看到狗狗闻彼此的屁股，这就是在辨别对方身份。野生的狗狗还会用肛门腺液标记自己的地盘。

肛门腺堵塞，狗狗有哪些症状

肛门腺位于狗狗肛门下方和两侧，它们所含的液体会在狗狗排便时被释放出来，使狗狗留下独特的气味。如果肛门腺的刺激性液体没有被释放出来，较长时间后就会导致肛门腺堵塞。狗狗会产生这些行为：用嘴咬屁股；屁股不断在地板上摩擦；主人触碰到狗狗屁股时它表现得极为敏感；追着咬自己的尾巴；走路时夹着尾巴，尾巴垂向地面；肛门处出现刺鼻的臭味等。

如果出现以上症状，主人要及时帮狗狗清理肛门腺。

如何清理肛门腺

前文讲给狗狗洗澡时提及了相关的办法。

在给狗狗洗澡时，手指放在肛门两侧，触摸到较坚硬的腺体后，微微用力挤出肛门腺液。也可用温水给狗狗清洗肛门，使肛门处的皮肤逐渐变得柔软，狗狗放松后就可以轻松地将肛门腺液挤出。

预防壁虱和跳蚤

壁虱和跳蚤，预防是关键

对狗狗来说，常见的寄生虫有壁虱和跳蚤。带狗狗外出时，狗狗在草地上、树林里玩耍时，很容易被壁虱和跳蚤寄生。

壁虱，也称为蜱虫，身体颜色为棕红色，它是一种体外寄生虫，喜欢寄生于毛茸茸的动物的身上。它很可怕，因为它以动物的血液为食，可将病毒传播给动物。

虽然人类在预防寄生虫方面做得很好，但是动物不是。壁虱会以狗狗的血液为食，还会引起瘙痒，严重时，还会导致伤口溃烂。当你发现狗狗在不停地抓自己时，就要多加留意了。

定期驱虫可以使狗狗免受壁虱和跳蚤的伤害。

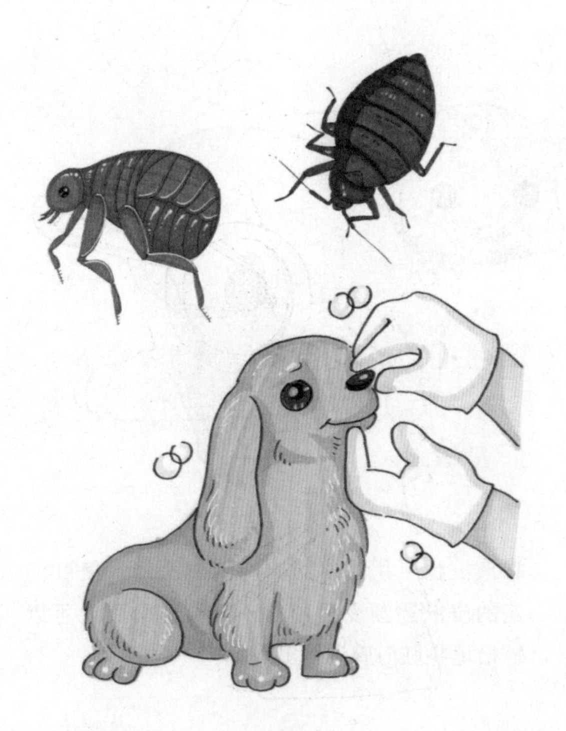

● 一旦发现壁虱，该如何清除

1. 检查狗狗经常抓伤的部位。耳朵、脸、臀部和脚这 4 个部位是至关重要的。检查毛发时，首先要逆着毛发检查狗狗皮肤，然后逐渐检查，如发现米粒大小的棕色虫子，很有可能是壁虱。

2. 发现壁虱后，除去壁虱周围的毛发。

3. 清除前请消毒。用棉球蘸取碘酒，轻轻擦拭有壁虱周围的皮肤。

4. 将镊子对准壁虱，确保壁虱被夹住并缓慢抬起。

5. 用蘸了碘酒的棉球轻轻擦拭拔掉壁虱的位置。

6. 狗狗伤口愈合后，应定期用专用洗剂清洗，以免再次感染。

毛发的养护

长毛犬的毛发养护

针对不同类型长毛犬的梳毛方法

给狗狗梳理毛发时，除了梳理毛发的打结处外，还要清除污垢和浮毛。一般来说，长毛犬的主人应该准备 3 种不同功能的梳子：扁梳用来梳理狗狗的打结毛发；柄梳用来使毛发顺畅光滑；针梳用来清理浮毛。另外，根据不同的长毛犬的毛质，梳理方法也有所区别。

刚硬型长毛犬的梳毛方法。此类犬的毛发中，长毛下有细绒毛，长毛较硬，每天都需要梳理，细绒毛也要隔几天就梳理一次，梳理细绒毛时可以将长毛翻起。这类犬以㹴类犬较多，如西高地白㹴。

平滑型长毛犬的梳毛方法。平滑型长毛犬的毛发也有不同类型，一种是丝质型长毛，如约克夏犬的毛发；另一种是卷曲型长毛，如贵宾犬的毛发。具有丝质型长毛的狗狗需要经常梳毛，下颚部位、尾巴部位与耳部需要用细齿的梳子梳理。具有卷曲型长毛的狗狗的毛发卷曲，通常不换毛，分长毛区与短毛区。长毛区需要每天梳理，短毛区需要 2~3 天梳理一次，一般先梳理长毛区，再梳理短毛区。

● 长毛犬内衬短毛的护理

护理长毛犬内衬短毛需要一种特殊的方法。在给狗狗洗澡时要将狗狗头部和肩部位置的毛发先向前梳再向后梳，腹部的毛发也要理顺。特别注意在换季的时候，针对某些类型的长毛犬，内衬短毛应该经常梳理，因为它很容易脱落。

● 营养物质的摄取对毛发的影响

狗狗的毛发状况可体现狗狗是否营养不良，健康、亮丽的毛发中含有大量的蛋白质。当狗狗毛发逐渐失去光泽、容易脱落、容易折断，甚至停止生长时，说明狗狗体内缺少蛋白质和脂肪酸等营养物质，狗狗的健康状况可能出现了问题，此时主人要及时给狗狗补充营养物质。充足、丰富的营养物质可以促进狗狗毛发生长，并保持毛发光泽。但是，有必要注意控制补充的量。

● 让毛发顺滑的小妙招

据说长期生活在室内的狗狗，不会明显地感觉到温度的变化，相比户外成长的狗狗，其毛发生长较慢。我们可在秋冬季节经常带狗狗进行户外活动，让外界的低温刺激狗狗毛发生长。

大多数长毛犬生活在相对寒冷的地区，长毛犬长出的毛发可以帮助它们抵御寒冷的天气。我国北方地区的冬天干燥寒冷，这与许多长毛犬的原始生长环境相似。

短毛犬的毛发养护

● 针对不同类型短毛犬的梳毛方法

梳理短毛犬的毛发，相对长毛犬来说较容易，但针对具有不同类型毛发的短毛犬，梳理时也各有侧重。

对具有平滑型毛发的短毛犬，通常只需要简单地顺毛梳理。需要注意毛发的梳理次数。

对具有丝质型毛发的短毛犬，通常需要较细致地梳理，重点要梳理狗狗的下颌、耳朵和尾巴部位的毛发。

对具有刚硬型毛发的短毛犬，如挪威㹴、凯恩㹴等，他们表层的毛发需要定期梳理，并且需要定期剪毛。

● 损害毛发质量的几个因素

爱犬拥有一身漂亮的毛发是值得主人引以为傲的事情。如何使狗狗拥有漂亮毛发、如何避免狗狗的毛发受损，都是主人需要了解的，尤其是下面这些避免狗狗毛发受损的注意事项。

避免给狗狗使用人类使用的洗发水。由于人类的头发、皮肤和狗狗的毛发、皮肤不同，给狗狗洗澡时如果用了人类使用的洗发水，很有可能会损害狗狗毛发的质量。

避免只喂狗狗爱吃的食物。许多主人在喂养狗狗的时候只根据狗狗喜欢的食物来喂养，这样会造成狗狗营养缺失，损害狗狗毛发的质量。

定期给狗狗洗澡是必要的，但是不能过于频繁，否则可能导致狗狗皮肤的油脂流失，使狗狗患皮肤病的概率增加，导致毛发干燥分叉。

长时间不给狗狗洗澡和梳毛，会损害狗狗的毛发质量。可定期给狗狗洗澡，经常给狗狗梳毛。

注意狗狗的居住环境。狗狗的居住环境的干湿程度会影响狗狗的毛发质量，若周围环境极其干燥，会导致狗狗的毛发缺失水分，出现干枯分叉的情况。

及时处理皮肤病。皮肤病对狗狗的毛发影响极大，需及时治疗。

巧解打结毛发

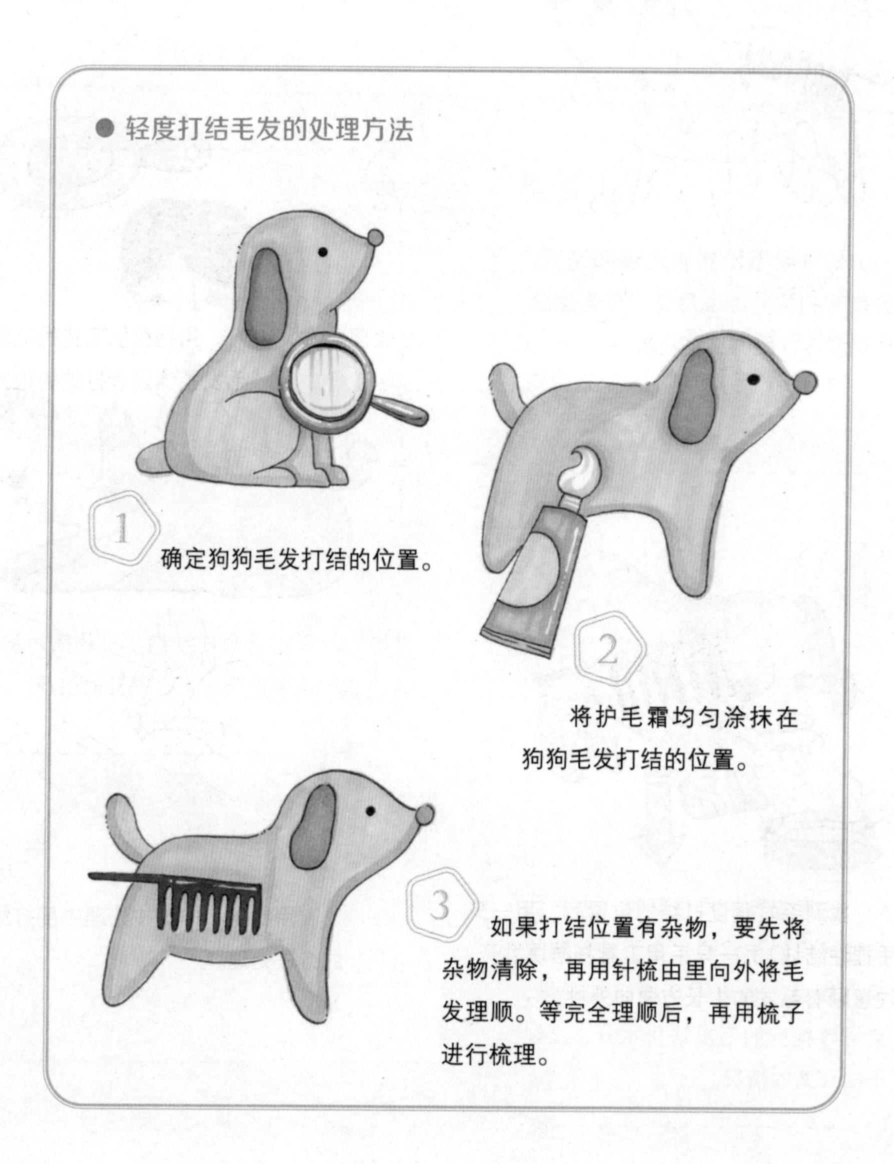

● 轻度打结毛发的处理方法

1 确定狗狗毛发打结的位置。

2 将护毛霜均匀涂抹在狗狗毛发打结的位置。

3 如果打结位置有杂物，要先将杂物清除，再用针梳由里向外将毛发理顺。等完全理顺后，再用梳子进行梳理。

中度打结毛发的处理方法

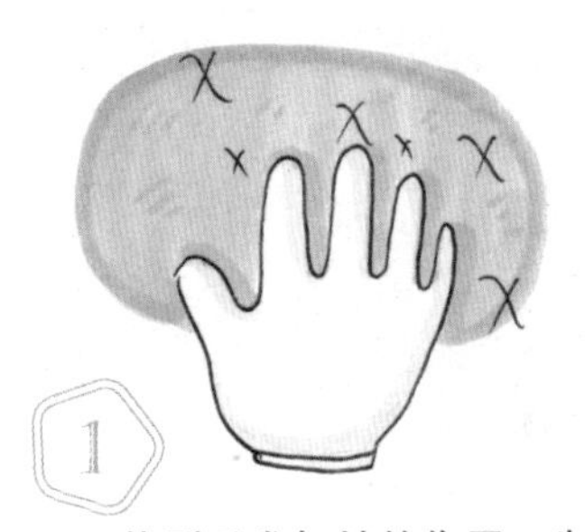

1

找到毛发打结的位置，先试着用手将打结的毛发弄散。

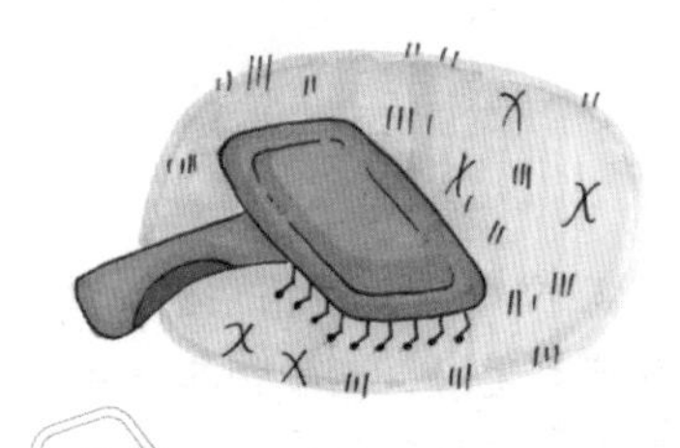

2

用针梳轻轻地梳理毛发，以免用力过猛伤到狗狗。

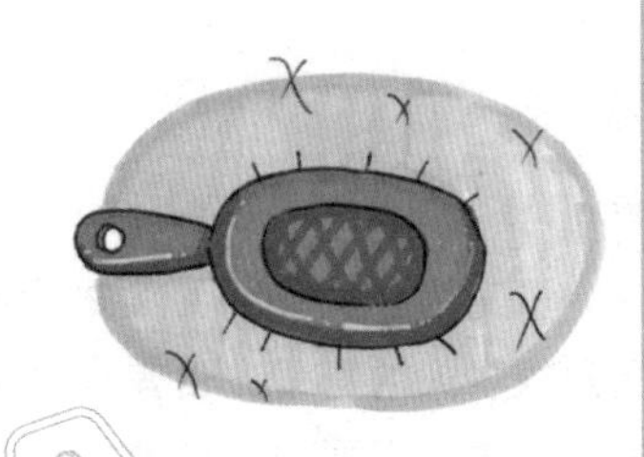

3

用柄梳梳理狗的毛发，使毛发整体没有打结的地方。

重度打结毛发的处理方法

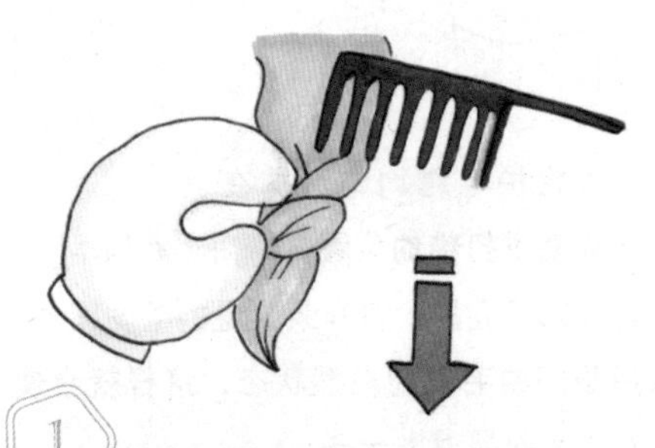

1

找到毛发重度打结的位置后，用一只手捏住结块，另一只手用工具将结块挑开。注意顺着毛发的生长方向向外挑。

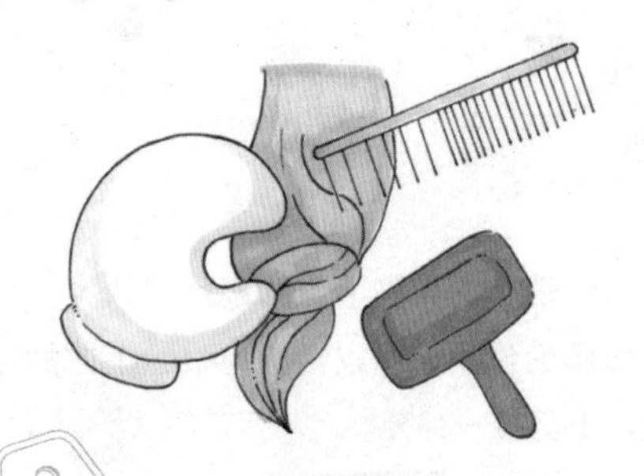

2

用针梳和排梳按处理中度打结毛发的方法处理。

狗狗的日常美容

基础造型修剪

贵宾犬

贵宾犬作为一种可爱的犬种，模样乖巧、性格活泼、体型适中，受到很多人的喜爱。贵宾犬属于长毛卷毛犬，毛发很容易变长，且不容易脱落，需要经常修剪造型。具有不同外形特征的贵宾犬的毛发修剪方法不同，下面给出一些参考。

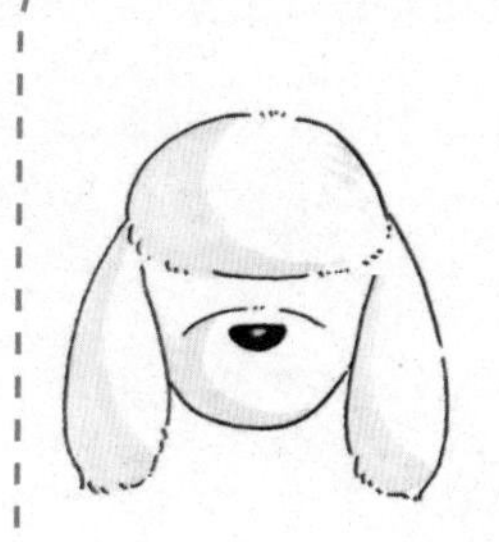

眼睛小的狗狗：为了起到“放大”狗狗眼睛的作用，可以把狗狗眼睑上方的毛发向上剪掉一部分。

头部小的狗狗：修剪狗狗头部的毛发，使其头部呈圆形，将耳朵位置的毛发留长，保持颈部的毛发为自然状态，这样就会使狗狗的头部显得大一些。

颈部短的狗狗：为了让狗狗的脖子显得长一些，可以把颈部中间位置的毛发剪短一些。

身材细长的狗狗：若是狗狗的身材细长，可以把狗狗腿部和臀部后方的部分毛发剪短一些，并用卷毛器做造型，让狗狗的毛发显得蓬松。

①幼犬型

对幼犬型贵宾犬，主要是修剪狗狗的面部、颈部、脚部等位置的毛发。修剪其尾巴的毛发使尾巴呈绒球状，可增添几分可爱。全身的毛发可根据狗狗的整体造型适当地修剪。

②欧陆型

欧陆型贵宾犬主要修剪其面部、颈部、脚部以及尾部下方的毛发。

③猎犬型

猎犬型贵宾犬的面部、颈部以及尾部下方都要修剪。将尾部修剪成绒球状，身体其他位置毛发保留 2.5 厘米左右的长度，使狗狗的体形显现出来。

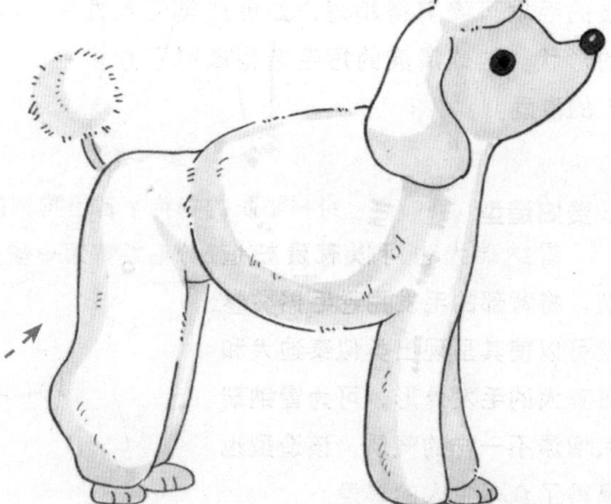

雪纳瑞犬

①标准造型

雪纳瑞犬的标准造型就是留下四肢的毛发，剃掉背部的毛发。除了保留眉毛和胡子，头部其他位置都要进行修剪。

这种标准造型用长毛和短毛进行对比，凸显狗狗的俏皮可爱。

②清爽造型

最清爽的造型就是把狗狗躯干的毛发剃掉、嘴周围的毛发剪掉，让它看起来干净整洁。另外，尾部的毛发可以剃掉，四肢的毛发可修剪得稍短，如剪成类似圆柱体的形状。这款清爽的短毛造型赢得了众多主人的喜爱。

③贵妇造型

雪纳瑞犬也可以有贵妇造型，将背部的毛发用卷毛器烫卷就可以使其呈现出类似泰迪犬和贵宾犬的毛发外形，可为雪纳瑞犬增添不一样的气质，该造型也赢得了众多主人的喜爱。

④毛驴造型

毛驴造型是常使用的雪纳瑞犬的造型。该造型保留了狗狗腹部、面部的毛发。将背部的毛发剪短，不然会有杂乱的感觉。肩膀处的毛发可顺着纹理修剪。把狗狗下巴位置的毛发修剪成“V”形。狗狗看起来像是穿了一条裙子。

⑤肥仔造型

肥仔造型要尽可能地保留身体各部位的毛发，把头部顶端的毛发修剪圆润，让耳朵位置的毛发自然下垂，使其整体呈现出圆滚滚的形态，可爱至极。这个造型的不足之处就是不够清爽，夏天会让狗狗觉得很热。

西施犬

①基本造型

在打造西施犬的基本造型时，首先沿着狗狗背部正中间将毛发向两侧分开，将狗狗尾部下方的毛发剪去 1 厘米左右可以有效减少毛发打结问题；然后把狗狗尾巴根部毛发剪去 0.5 厘米左右；最后尽量剪短狗狗脚部的毛发，方便狗狗走路。

②扎发造型

因为西施犬的毛发较长，很容易阻挡狗狗的视线，所以要先将其鼻梁上的长毛发沿中线向两侧分开。用细齿梳将逆毛理顺，让毛发蓬松起来。随后用皮筋将头顶的毛发扎紧，或者在左右两边扎两个小辫子。这样既可保护狗狗的眼睛，又可让狗狗看起来更加漂亮。需要注意的是，在晚上休息时，要把皮筋解开让狗狗放松。

● 泰迪犬

泰迪犬的基础造型为蘑菇头造型。先将狗狗眼部的杂毛修剪整齐，然后将狗狗耳部的毛发修剪至可遮住耳朵的长度，并修剪平整。

抬起狗狗头部，趁狗狗眨眼时，快速将狗狗眼睛周围的杂毛清理干净。接着修剪狗狗嘴部的毛发，剪短即可。最后修剪头部毛发，使头部看起来圆润。

造型升级

● 贵宾犬造型升级

贵宾犬造型可以在基础造型上进行创意升级，添加一些亮点。可在狗狗的身上修剪一个心形。修剪过程如下所述。

1 一只手托住狗狗下巴并将头向上抬起，露出它的脖颈并修剪毛发，如左图，修剪出“V”的形状。

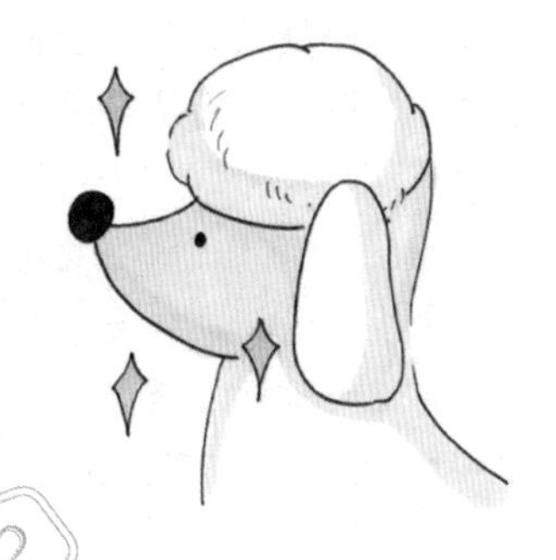

2 轻轻托住狗狗下巴，修剪狗狗脸部的毛发。

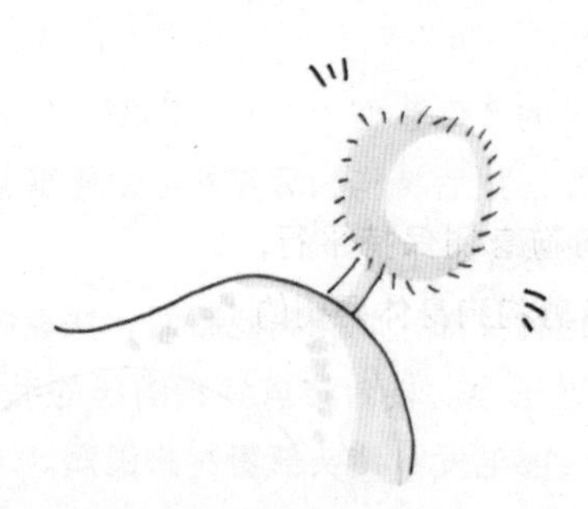

3 向上提起狗狗尾巴，将狗狗尾巴根部到中部的毛发剃掉，修剪出绒球状。

4 抬起狗狗的一条后腿，将狗狗腿部的毛发剃掉。

5 接着控制狗狗头部，用剪刀沿着平行方向修剪狗狗背部的毛发。

6 提起狗狗尾巴，用剪刀向下修剪狗狗臀部的毛发。

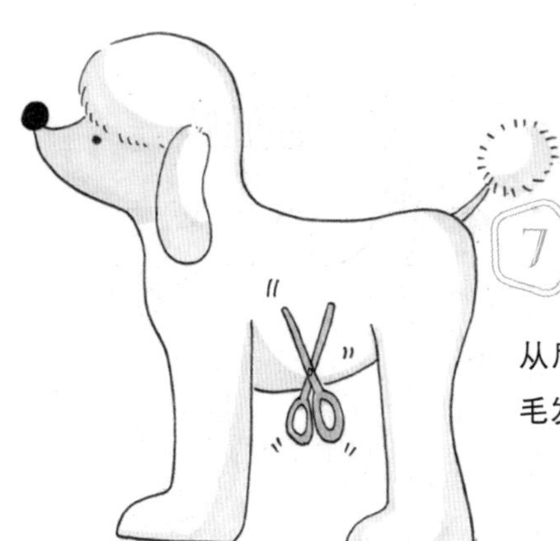

7

使剪刀与狗狗身侧保持平行，从后向前依次修剪狗狗身体两侧的毛发。

8

控制狗狗头部，用剪刀仔细修剪狗眼睛上方的毛发。然后修剪狗狗耳部的毛发。

9

让狗狗坐下，露出胸部毛发，用剪刀向下修剪狗狗胸部的毛发。

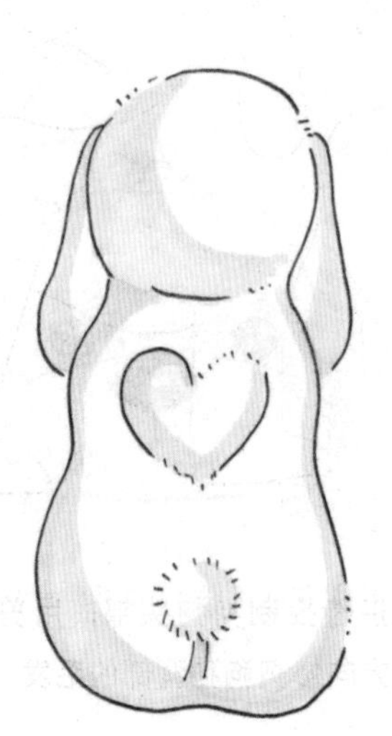

10

最后在狗狗背部修剪心形。

● 小辫子引领西施犬俏皮风

为西施犬简单地绑上一根小辫子，这样不用剪刀修剪也可以给狗狗打造一个独特的造型。

1 将狗狗全身的毛发梳散，再用梳子从额头部位开始将要扎起来的毛发从发根梳成一股。

2 用橡皮筋将梳好的毛发扎起来。

3 把狗狗背部的毛发从中间向两侧梳开。

4 将之前扎好的毛发编成辫子，在结尾处用橡皮筋束好。

5 可以用头饰对辫子进行装饰，让狗狗更加可爱。

头饰

现在人们给宠物装扮的方法多种多样，如给狗狗配备鞋子、衣服等。还可以给狗狗佩戴一些头饰，使狗狗更加可爱。

头饰一般适合毛发较长、较多的狗狗，这样才能将其固定在头上且不会轻易掉落。

制作材料：雪纱带、螺纹带、布料、针线胶枪等。

领结

● 蝴蝶结领结

为了给一些公狗狗增添些“帅气”，可以给它戴上蝴蝶结领结。

制作材料：布料、装饰水钻贴片（可缝）、打结线、针线等。

除此之外，也可以给母狗狗制作一款好看的领结，让狗狗更加可爱。

制作材料：布料、棉质花边、丝带花、打结线、针线等。

● 情侣蝴蝶结领结

动物也可以成双成对，如果家里有一对可爱的狗狗，不妨为它们制作一对情侣蝴蝶结领结，把它们打扮得更加可爱。

制作材料：无纺 EVA 布、双角钉、针线等。

领巾

● 口水巾

现在很多小孩子会戴一块口水巾来擦口水。狗狗也经常流口水，以至于胸前的毛发总是湿乎乎的，这样可能引发很多的卫生问题，也不美观。我们可以给狗狗做一块口水巾，既美观又卫生。口水巾更适合沙皮狗使用。

制作材料：棉布、蕾丝花边、螺纹带、装饰丝带花、纽扣等。

衣服

现在很多主人都会给狗狗穿上好看的衣服，但需要注意的是，不是所有的狗狗都喜欢穿衣服。狗狗主人需要了解自己的狗狗，根据它们自己的习惯来打扮。如果穿上衣服后，狗狗有以下几种表现，就说明狗狗不喜欢穿衣服。

有的狗狗穿上衣服后一动不动，就是因为不能适应；有的狗狗的皮肤比较敏感，平时喜欢抓挠自己，当穿上衣服后会更频繁地抓挠自己；还有的狗狗穿上衣服后会情绪激动，不断撕咬身上的衣服。这些表现说明该狗狗不喜欢穿衣服。

对于喜欢穿衣服的狗狗，穿衣服时也要多加注意。首先狗狗穿衣服的时间不能太长，外出回家后要把衣服及时脱下来，让狗狗放松。其次在给狗狗买衣服时要选择大小合适、面料柔软，最好是纯棉的衣服。